第一推动丛书:物理系列
The Physics Series

不同的宇宙
A Different Universe

[美] 罗伯特·B.劳克林 著　王文浩 译
Robert B. Laughlin

U0339649

CBK 湖南科学技术出版社

THE
FIRST
MOVER

总序

《第一推动丛书》编委会

科学，特别是自然科学，最重要的目标之一，就是追寻科学本身的原动力，或曰追寻其第一推动。同时，科学的这种追求精神本身，又成为社会发展和人类进步的一种最基本的推动。

科学总是寻求发现和了解客观世界的新现象，研究和掌握新规律，总是在不懈地追求真理。科学是认真的、严谨的、实事求是的，同时，科学又是创造的。科学的最基本态度之一就是疑问，科学的最基本精神之一就是批判。

的确，科学活动，特别是自然科学活动，比起其他的人类活动来，其最基本特征就是不断进步。哪怕在其他方面倒退的时候，科学却总是进步着，即使是缓慢而艰难的进步。这表明，自然科学活动中包含着人类的最进步因素。

正是在这个意义上，科学堪称为人类进步的"第一推动"。

科学教育，特别是自然科学的教育，是提高人们素质的重要因素，是现代教育的一个核心。科学教育不仅使人获得生活和工作所需的知识和技能，更重要的是使人获得科学思想、科学精神、科学态度以及科学方法的熏陶和培养，使人获得非生物本能的智慧，获得非与生俱来的灵魂。可以这样说，没有科学的"教育"，只是培养信仰，而不是教育。没有受过科学教育的人，只能称为受过训练，而非受过教育。

正是在这个意义上，科学堪称为使人进化为现代人的"第一推动"。

近百年来，无数仁人志士意识到，强国富民再造中国离不开科学技术，他们为摆脱愚昧与无知做了艰苦卓绝的奋斗。中国的科学先贤们代代相传，不遗余力地为中国的进步献身于科学启蒙运动，以图完成国人的强国梦。然而可以说，这个目标远未达到。今日的中国需要新的科学启蒙，需要现代科学教育。只有全社会的人具备较高的科学素质，以科学的精神和思想、科学的态度和方法作为探讨和解决各类问题的共同基础和出发点，社会才能更好地向前发展和进步。因此，中国的进步离不开科学，是毋庸置疑的。

正是在这个意义上，似乎可以说，科学已被公认是中国进步所必不可少的推动。

然而，这并不意味着，科学的精神也同样地被公认和接受。虽然，科学已渗透到社会的各个领域和层面，科学的价值和地位也更高了，但是，毋庸讳言，在一定的范围内或某些特定时候，人们只是承认"科学是有用的"，只停留在对科学所带来的结果的接受和承认，而不是对科学的原动力——科学的精神的接受和承认。此种现象的存在也是不能忽视的。

科学的精神之一，是它自身就是自身的"第一推动"。也就是说，科学活动在原则上不隶属于服务于神学，不隶属于服务于儒学，科学活动在原则上也不隶属于服务于任何哲学。科学是超越宗教差别的，超越民族差别的，超越党派差别的，超越文化和地域差别的，科学是普适的、独立的，它自身就是自身的主宰。

湖南科学技术出版社精选了一批关于科学思想和科学精神的世界名著,请有关学者译成中文出版,其目的就是为了传播科学精神和科学思想,特别是自然科学的精神和思想,从而起到倡导科学精神,推动科技发展,对全民进行新的科学启蒙和科学教育的作用,为中国的进步做一点推动。丛书定名为"第一推动",当然并非说其中每一册都是第一推动,但是可以肯定,蕴含在每一册中的科学的内容、观点、思想和精神,都会使你或多或少地更接近第一推动,或多或少地发现自身如何成为自身的主宰。

出版30年序
苹果与利剑

龚曙光

2022年10月12日

从上次为这套丛书作序到今天，正好五年。

这五年，世界过得艰难而悲催！先是新冠病毒肆虐，后是俄乌冲突爆发，再是核战阴云笼罩…… 几乎猝不及防，人类沦陷在了接踵而至的灾难中。一方面，面对疫情人们寄望科学救助，结果是呼而未应；一方面，面对战争人们反对科技赋能，结果是拒而不止。科技像一柄利剑，以其造福与为祸的双刃，深深地刺伤了人们安宁平静的生活，以及对于人类文明的信心。

在此时点，我们再谈科学，再谈科普，心情难免忧郁而且纠结。尽管科学伦理是个古老问题，但当她不再是一个学术命题，而是一个生存难题时，我的确做不到无动于衷，漠然置之。欣赏科普的极端智慧和极致想象，如同欣赏那些伟大的思想和不朽的艺术，都需要一种相对安妥宁静的心境。相比于五年前，这种心境无疑已时过境迁。

然而，除了执拗地相信科学能拯救科学并且拯救人类，我们还能有其他的选择吗？我当然知道，科技从来都是一把双刃剑，但我相信，科普却永远是无害的，她就像一只坠落的苹果，一面是极端的智慧，一面是极致的想象。

我很怀念五年前作序时的心情，那是一种对科学的纯净信仰，对科普的纯粹审美。我愿意将这篇序言附录于后，以此纪念这套丛书出版发行的黄金岁月，以此呼唤科学技术和平发展的黄金时代。

出版25年序
一个坠落苹果的两面：
极端智慧与极致想象

龚曙光

2017年9月8日凌晨于抱朴庐

连我们自己也很惊讶，《第一推动丛书》已经出了 25 年。

或许，因为全神贯注于每一本书的编辑和出版细节，反倒忽视了这套丛书的出版历程，忽视了自己头上的黑发渐染霜雪，忽视了团队编辑的老退新替，忽视了好些早年的读者已经成长为多个领域的栋梁。

对于一套丛书的出版而言，25 年的确是一段不短的历程；对于科学研究的进程而言，四分之一个世纪更是一部跨越式的历史。古人"洞中方七日，世上已千秋"的时间感，用来形容人类科学探求的日新月异，倒也恰当和准确。回头看看我们逐年出版的这些科普著作，许多当年的假设已经被证实，也有一些结论被证伪；许多当年的理论已经被孵化，也有一些发明被淘汰……

无论这些著作阐释的学科和学说属于以上所说的哪种状况，都本质地呈现了科学探索的旨趣与真相：科学永远是一个求真的过程，所谓的真理，都只是这一过程中的阶段性成果。论证被想象讪笑，结论被假设挑衅，人类以其最优越的物种秉赋 —— 智慧，让锐利无比的理性之刃，和绚烂无比的想象之花相克相生，相否相成。在形形色色的生活中，似乎没有哪一个领域如同科学探索一样，既是一次次伟大的理性历险，又是一次次极致的感性审美。科学家们穷其毕生所奉献的，不仅仅是我们无法发现的科学结论，还是我们无法展开的绚丽想象。在我们难以感知的极小与极大世界中，没有他们记历这些伟大历险和极致审美的科普著作，我们不但永远无法洞悉我们赖以生存的世界的各种奥秘，无法领略我们难以抵达世界的各种美丽，更无法认知人类在找到真理和遭遇美景时的心路历程。在这个意义上，科普是人类极端智慧和极致审美的结晶，是物种独有的精神文本，是人类任何其他创造 —— 神学、哲学、文学和艺术都无法替代的文明载体。

在神学家给出"我是谁"的结论后，整个人类，不仅仅是科学家，也包括庸常生活中的我们，都企图突破宗教教义的铁窗，自由探求世界的本质。于是，时间、物质和本源，成为了人类共同的终极探寻之地，成为了人类突破慵懒、挣脱琐碎、拒绝因袭的历险之旅。这一旅程中，引领着我们艰难而快乐前行的，是那一代又一代最伟大的科学家。他们是极端的智者和极致的幻想家，是真理的先知和审美的天使。

我曾有幸采访《时间简史》的作者史蒂芬·霍金，他痛苦地斜躺在轮椅上，用特制的语音器和我交谈。聆听着由他按击出的极其单调的金属般的音符，我确信，那个只留下萎缩的躯干和游丝一般生命气息的智者就是先知，就是上帝遣派给人类的孤独使者。倘若不是亲眼所见，你根本无法相信，那些深奥到极致而又浅白到极致，简练到极致而又美丽到极致的天书，竟是他蜷缩在轮椅上，用唯一能够动弹的手指，一个语音一个语音按击出来的。如果不是为了引导人类，你想象不出他人生此行还能有其他的目的。

无怪《时间简史》如此畅销！自出版始，每年都在中文图书的畅销榜上。其实何止《时间简史》，霍金的其他著作，《第一推动丛书》所遴选的其他作者的著作，25年来都在热销。据此我们相信，这些著作不仅属于某一代人，甚至不仅属于20世纪。只要人类仍在为时间、物质乃至本源的命题所困扰，只要人类仍在为求真与审美的本能所驱动，丛书中的著作便是永不过时的启蒙读本，永不熄灭的引领之光。

虽然著作中的某些假说会被否定，某些理论会被超越，但科学家们探求真理的精神，思考宇宙的智慧，感悟时空的审美，必将与日月同辉，成为人类进化中永不腐朽的历史界碑。

因而在25年这一时间节点上，我们合集再版这套丛书，便不只是为了纪念出版行为本身，更多的则是为了彰显这些著作的不朽，为了向新的时代和新的读者告白：21世纪不仅需要科学的功利，还需要科学的审美。

当然，我们深知，并非所有的发现都为人类带来福祉，并非所有的创造都为世界带来安宁。在科学仍在为政治集团和经济集团所利用，甚至垄断的时代，初衷与结果悖反、无辜与有罪并存的科学公案屡见不鲜。对于科学可能带来的负能量，只能由了解科技的公民用群体的意愿抑制和抵消：选择推进人类进化的科学方向，选择造福人类生存的科学发现，是每个现代公民对自己，也是对物种应当肩负的一份责任、应该表达的一种诉求！在这一理解上，我们不但将科普阅读视为一种个人爱好，而且视为一种公共使命！

牛顿站在苹果树下，在苹果坠落的那一刹那，他的顿悟一定不只包含了对于地心引力的推断，也包含了对于苹果与地球、地球与行星、行星与未知宇宙奇妙关系的想象。我相信，那不仅仅是一次枯燥之极的理性推演，也是一次瑰丽之极的感性审美……

如果说，求真与审美是这套丛书难以评估的价值，那么，极端的智慧与极致的想象，就是这套丛书无法穷尽的魅力！

致中国读者

罗伯特·劳克林
斯坦福大学
2007 年 12 月 22 日

《不同的宇宙》一书在中国大陆出版于我是一件重要的事。从我开始认识到中国有多大，她有如此众多的有趣的民众时起，我就渴望广泛结识那里的读者——这不只是出于作为纯粹的科学大家（科学家都有大我情结）的考虑，也是对自己未来的投资。尽管目前盗版问题在中国还较严重，至少在外国人看来是这样，但明智的人都知道，这不会长久。这样的一天——任何有志于成为世界级作家的人都懂得，除非拥有广大的中国读者群，否则难酬其志——终将到来。因此我有充分的思想准备。

幸运的是，我到过中国很多地方，对中国有着充分的了解。老话说，一个人在谈论一个幅员辽阔的国家而不是一个乡间村落时，说话可得注意了。我是作为一个科学家进行这些旅行，这就意味着我看到的大多是演讲大厅、实验室和学术上的交流报告——尽管这些在我的学术生涯里是再平常不过了。但走得多了，我也开始认识到，中国的国情很复杂，她地域广大，很多方面经常不按所谓规则出牌——这些都很像美国，只是程度有所不同。你很难从理论上概括这个国家，你走到一个新的小镇，会发现那里的历史遗迹古老得超乎想象；转眼之间你又会遇到一堆堆密集的人群，有的在辛勤劳作，有的在尽情玩耍，有的在放声大笑，对外宾招待的食物之丰盛和态度之热情让你不明所以。随后，每个人都那么陶醉，走上来告诉你一个个关于住房、食物、学校、汽车、孩子和政府等千奇百怪的有趣故事，有些你可能在来这个国家之前已听过不止一遍。他们也会告诉你一些笑话，譬如说如果你找了个北京姑娘结婚，那你就惨了。

看看《不同的宇宙》的主题在中国是否吃得开一定是件有趣的事情。我猜想它会受欢迎，虽然这得实践了才知道。我的根据很简单——这一主题已在十几个国家取得了明显不错的反响，这从我在当地的讲演以及和读者的通信联系中反映出的具体问题就可以一目了然。令人惊奇的是，我发现这些提问具有很好的一致性，这说明书中反映的问题不只是美国或西方世界才有，而是具有相当普遍的意义。如果本书能在中国走俏，那么事实将再一次说明，中国并非如人们常常认为的那样与众不同。

一个长期从事科学研究的人会逐渐认识到，融在他血液中的那种国际主义精神要比科学带来的技术进步有价值得多。技术手段无疑是重要的，我丝毫没有要贬低它的意思。我只是想表明，通过阅读形成的诸多联系更强调个人的愉悦，更能说明孩子未来的健康成长——毕竟他们中的大多数是要靠经济交往而不是靠实验室工作来谋生。因此，如果这本书能够将我的思考带给中国读者并引起共鸣，从而建立起我与中国读者之间的持久联系，其意义于我不亚于荣获诺贝尔奖。它虽不会带给我另一次斯德哥尔摩之行，但成功又何必计较形式！何况这种机会于任何人都相当难得，我们不妨将更多的机会留给更年轻的人。我更看重来自亚洲边远角落发出的邀请，在那里我会遇见各行各业有趣的人，而不只是大人物。有幸的话，我还会有更多的在中国游历览胜的机会，就像我第一次泛舟丽江时感受的那样。那次我们全家有幸受到当地居民隆重的款待，主人与我们素昧平生，亦非炙手可热之辈，甚至没进过大学，但却于小屋之内用文火和烧锅为我们做了一桌丰盛的美餐。你永远不会忘记这样的经历。的确，一个在加利福尼亚州农场长大的孩子不可能想象到这种情形。

我要特别感谢湖南科学技术出版社买下本书的版权，使得本书能够有机会与中国读者见面，并对同事王文浩的翻译表示谢意。

前言

> 江河都往海里流，海却不满。
>
> 江河从何处流，仍归还何处。
>
> —— 《圣经·传道书1：7》

人类心中存有两种相互冲突的原始冲动 —— 一个是要将事物简 [ix] 化到其基本要素，另一个则要透过这些基本要素看出其更重要的意义。我们所有人都生活在这种矛盾中，一次又一次地沉思着这些问题。例如，在海边，我们大部分人都会陷入对世界竟如此壮观的联翩浮想之中，而实际上，大海不过就是一个充满水的深坑。关于这方面的大量的文学作品 —— 有些已是相当古老 —— 常常通过道德，或是通过宗教和世俗之间的张力来表现这种冲突。因此，像工程师那样将大海看得简单而有限，就显得愚昧和原始，而将它视为一种无尽的、存在各种可能性的源泉，就显得崇高和富于人性。

但这种冲突并不仅限于感知上的，它也表现在物理上。自然界既被认为是由要素组成的，又被看成是由出自这些要素的强有力的组织原理掌控的。这些原理是至高无上的，因为即使要素发生变化，这些原理也是始终不变的。我们关于自然的这种矛盾的认识反映了自然本身的矛盾性，这种矛盾性由基本要素和这些要素所构成的稳定而复杂的有序结构组成，不像大海本身那么简单。

生活的本质

　　海边自然也是休闲的好去处，当你沿着栈桥走向海滩时，你会感到心旷神怡。生活的真正本质其实就像上面这幅图：你溜达得离旋转木马太近，结果就会遭到溜溜球的重击。幸运的是，我们物理学家对自己的那种说教习惯保持着高度警觉，尽量不使其失去控制。我在加利福尼亚大学圣迭哥分校的同事丹·阿罗瓦在写给幽默专栏作家戴夫·巴利的一封信中就机智地表达了这种态度：

　　亲爱的戴夫：
　　　　我是您的一名狂热仰慕者，每天都看您的专栏。如果

　　能像您那样写作，我愿不惜任何代价。我已经以您的名义
建了一座树上小屋并住了进去。

您的丹

戴夫回信道：

　　亲爱的丹：

　　　谢谢你的来信。顺便问一声，他们能让你在核武器周[xi]
围这么做吗？祝好！

戴夫

　　好些年前，我有机会与我岳父——一位退休的院士——有过一
次关于物理定律的集体性质的对话。那天下午，我们刚刚打完一圈桥
牌，正品着兑了奎宁汁的杜松子酒来躲避夫人们关于情感影片的讨
论。我的论点是，自然界里的可信赖的因果关系能够告诉我们关于我
们自身的事情，而这些因果关系之所以可信赖就在于组织原理而不
是微观法则。换句话说，我们关心的自然法则是通过集体自组织行为
整体突现（emerge[1]）出来的，这里并不需要知道其组成单元的构造和
运用等方面的知识。仔细听完我的观点，我岳父表示不理解。他过去
总认为是法则导致了结构，而不是相反。他甚至怀疑反过来说是否有
意义。于是我问他，到底是立法机构和公司董事会制定法则还是由法

---

1. 作者在本书中使用的emerge、emergent和emergence等词具有特定意义，强调的是一种整体
突现性质，这些词最初用来说明：一定有机体水平上所具有的实体性质不可能还原为更低水平上
的要素之和（见S.Alexander, *Space, Time and Deity*, 1920）。这种观点在哲学上是作为还原论的对
立观点出现的，与整体论（Holism）相近，称为突现论或层创论（Emergentism）。新近的相关著
作有：谢爱华著，《突现论中的哲学问题》，中央民族大学出版社，2006；[美]欧内斯特·内格尔
著，徐向东译，《科学的结构》，上海译文出版社，2005。——译者注

则来建立立法机构或公司董事会？他立刻看出了问题所在，沉思了一会儿，他承认他现在对事情的因果关系感到深深的迷惑，需要多加思考。的确是这样。

　　有一点很无奈，那就是科学已经发展到远离人类其他的心智生活，因为它不再以后者为出发点。[1] 例如，亚里士多德的作品尽管谈不上精确，却十分清晰，有针对性而且容易理解。[2] 达尔文的《物种起源》也是如此。[3] 现代科学之所以让人难以琢磨，正是专业化导致的附带结果，为此我们这些科学家也经常跟着挨批 —— 也确实该批。每个人在下班回家路上打开收音机都会从《博士科学》节目中得到愉悦，这档节目对诸如为什么奶牛吃草时总面向同一个方向（它们总要一天几次地面向威斯康星州）的电话提问给出当不得真的答案，而且节目总以"记住，我知道的比你多，我可有科学硕士学位"来结束。[4] 还有一次，我岳父说，经济学很糟糕，恐怕只有到成为科学后，这种状况才会改变。他说到点子上了。

　　这次关于物理学法则的谈话让我开始思考，对于像法则、法则的组成和源于组织的法则这些显然是先有鸡还是先有蛋的非科学问题，科学上过去究竟是如何对待的。我开始注意到，许多人对这个问题有着鲜明的观点，却说不清为什么要持这种观点。近来这个问题之所以不断出现在脑际，是因为我曾不止一次地与同事就格林的《宇宙的琴弦》（*The Elegant Universe*）一书展开讨论。[5] 这是一本描述某些空间量子结构新奇概念的科普作品。讨论的焦点集中在物理学到底是大脑的逻辑产物还是基于观察的综合这种问题上。当然每次讨论的缘起都不是有关存在的问题，而是钱，缺钱是当前国际科学界普遍存在的问题。但讨论的主题很快从钱的问题转向不相干的构建世界模型这种漂亮但无实验预见的问题上，或转向科学是什么的问题上。在西雅图、台北和赫尔辛基，我曾一再讨论过这事儿，结果让我认识到，格林此书引发的这一争论本质上与我那天打完桥牌后讨论的属同一个问题。不仅如此，它还是一种意识形态之争：看上去它好像与什么是真的没有关系，但实际上每件事情都涉及"真的"是指什么。

物理学里流传着这么一句话：好的符号体系推进科学，而坏的符号体系阻碍进步。事实确实如此。语音符号掌握起来就比图像符号来得快，因此也更易上手。十进制计数用起来也要比罗马数字方便些。意识形态领域同样如此。我们将自然理解为一种数学结构所得出的推论就完全不同于将它视为经验综合时的推论。一种观点将我们视同宇宙的主宰，而另一种观点则将宇宙视为我们的主宰。毫不奇怪，我的 ^{xiii} 那些从事实验科学的同事谈到这个问题都会变得兴奋异常。这个问题的核心已不是科学所能回答的，而是关乎人们的自我意识以及对人在世界中的位置的认识。

这两种世界观的联系非常深入。当我还是孩子时，我曾随父母去约塞米蒂[1]见伯父和伯母，他们驾车从芝加哥来。我伯父曾是一位了不起的成功的专利律师，似乎这世界上没有他不知道的，而且还唯恐人不知这一点。例如，他曾在得知我刚听了激光发明人查尔斯·汤斯的一个主题讲座后立马又给我上了一堂长长的有关激光工作的课。显

---

1. 约塞米蒂国家公园，位于加利福尼亚州中东部的内华达山脉西坡，1864年辟为州立公园，1890年成为国家公园，面积3100平方千米，其中著名的约塞米蒂瀑布最大落差739米，为北美落差最大的瀑布，也是世界上落差最大的瀑布之一。园内有包括红杉树在内的多种珍稀动植物，每年吸引着几百万游客前来露营休憩。——译者注

然，他对激光知道的比汤斯教授还多。这次他和伯母住进了当地最阔气的爱瓦尼（Ahwahnee）饭店，和我们一起聊趣闻轶事，一起享受丰盛的早餐，然后离开当地，驱车前往图奥勒米帕斯，穿越沙漠回家。我不认为他们这趟来看到过附近的瀑布。其实这无关紧要，因为他们以前早就看过瀑布，明白是怎么回事。他们走后，我们一家远足，去了莫塞德河，在河水激越的低吼声中来到了内华达瀑布，并在满是野花的草地附近的巨型花岗岩上进行了野餐。我们同样明白大自然是怎么回事，但并不把这种理解看得太重。

促使我伯父对待约塞米蒂之行的世界观和饱受争议的促使格林看待物理学的那种世界观，在约翰·霍根的《科学的终结》一书中有过十分清楚的表达。霍根认为，所有基本问题现在都已清楚，除了细节完善之外，科学上已无事可做。[6]这使我的那些实验方面的同事大为不满，因为这种观点不仅极其错误，而且非常不公正。对新事物的研究永远都像在迷雾中摸索，直到有所发现为止。如果原因明显地摆在那儿，那还要研究干什么！

xiv　　不幸的是，这种观点还很有市场。我曾与晚年的戴维·施拉姆——芝加哥大学的一位著名的宇宙学家——有过一次关于星系喷流的交谈。这些喷流是从星系核喷出的细铅笔状等离子体射流，其喷射距离可达星系半径的几倍，能量可能源自星系核的旋转能。在这么大的尺度上，它们为何能保持如此纤细至今仍是个谜，这些事我觉得特别有意思。但戴维却将整个效应斥之为"天气"的影响。他只对早期宇宙和能对早期宇宙演化解释有意义的天文观察结果感兴趣，哪怕这种观察是相当间接的。他把喷流看成是恼人的本底噪声，对他来说，这种噪声除了分散注意力没有太大价值。而我则对这种"天气"非常着迷，而且我相信大多数人都会认为这不是大自然在玩弄骗术。

我认为，像天气这样的原初形态的组织现象具有深远的重要意义，它能告诉我们更复杂的事情：这种原初形态能够使我们确凿地说明它们是受微观法则支配的，而让人捉摸不透的是，它们的某些更复杂形态则对这些微观法则不敏感。换句话说，我们可以通过这些简单事例证明，组织能够获得意义和自身的生命，并开始超越其组成要素。而物理科学必须解释清楚的是，集体大于其组成要素之和不只是一个概念，而是一种物理现象。大自然不只受到微观法则的支配，而且也受到一般组织原则的强有力的支配。这些原则中有些我们已经了解，但更多的则是未知数。我们不时会发现一些新的组织原则。在复杂性更高的水平上，因果关系更难描述，但是没有证据表明，从原始世界观察到的法则等级序列可以被其他东西所取代。因此，如果说存在一种简单的、经由基本法则孕育产生之后就能够明显不再与这些法则相关的物理现象，那我们人便是如此。我们由碳元素组成，但我 xv 们不需要一直依靠这种碳摄取机制来存活。我们有超越自身元素组成的生命意义。

伊利亚·普利高津的文章[7]曾详述过这一看法的要点，更早的论述可以追溯到30年前P. W. 安德森的著名论文《多则不同》(More is Different)[8]。这篇文章今天读起来依然清新而富于启发性，我要求跟我工作的学生都得通读。

但我的观点要比这两位前辈更为激进，因为它们已经经受了最近事实的磨砺。我越来越认为，我们所有已知的物理法则，而不是个别法则，都有着集体性起源。换句话说，基本法则和派生性规律之间的区别是个谜，正如宇宙是不是一种仅由数学支配的概念一样，还说不清楚。物理法则一般不可能是纯粹思辨的产物，而必须通过实验才能发现，因为对自然的控制只有当这种控制措施符合自然所容许的组织原则时方能奏效。我们也许可以为这种理论配个副标题 ——"还原论的终结"（所谓还原论是指相信凡事总可以在还原到其组成要素的基础上搞清楚），但这么做似乎不太准确。所有物理学家本质上都是还原论者，我也不例外。我无意通过质疑还原论来建立某种普遍理论体系。

　　为了维护我的观点，我必须公开讨论某些惊人的思想，诸如将时空的虚空视为"物质"，相对论是否有可能并非基本理论，可计算性的集体性质，理论知识的认识论障碍，实验上可证伪性方面的类似障碍，当代理论物理中某些重要部分的神话性质，等等。当然，观点的激进只是某种舞台道具，随着实验的深入，科学发展既不可能冒进，也不会停滞不前，而只会越来越贴近事实。而这些更广泛的、已属于哲学而根本不属于科学的观念性问题之所以常常使我们大感兴趣，则是因为它们常被用来衡量得失、编写法则，我们在生活中也据此做出选择。

　　因此，这类讨论本身并无所谓矛盾，它只会使我们更清楚地看出科学将发生怎样的变化。为此我们有必要将科学的技术实用功能与其认识事物（包括我们人本身）的功能分离开来。与现代科学神话塑造的乐观理想化模型不同，我们实际居住的世界充满了未知的神奇而重要的事情，其原因既可能是我们尚未观察到，也可能是我们现有的技术水平还无法观察到。科学的强大力量正在于它具有透过对象坚硬的外壳揭示出超出预料的真理的能力。从这一点来说，它是无价的，并且是人类创造力最伟大的动力之一。

致谢

xvii　　　如果没有史蒂夫·卢先生的无价的努力，就不会有现在这本书。正是他最初的设想和不懈地向出版商争取的激励，才使我得以完成本书的写作。这种激励至关重要，作为科学家，我们有责任和义务来完成这么一项任务。我与史蒂夫的交往一直是我学术生涯中最值得回忆的内容之一，我要衷心感谢他，不仅是因为他作为助手和组织者所具有的非凡才能，还在于他从人文角度透视物理学问题方面所提供的巨大帮助。他的好些主意，他对本书应当采用的语调、形式和涉及范围所提出的建议为本书增色不少，这些意见都是在连续几个月中我们的一系列交谈中形成的。所有这些，以及他在手稿编辑方面提供的帮助令我心怀最真诚的感激。

　　　我还要深深感谢戴维·派因斯教授，他在落实这项出版计划方面提供了巨大帮助，并且对手稿进行了审读。1999年春天，在戴维访问斯坦福期间，我们发现彼此在集体组织物理学方面的观点竟十分相合——如果考虑到彼此背景的差异，这实在是非常奇妙——因为我们都意识到有必要将那些我们认为十分明白的思想用大众可接受的语言表述出来。由此促成了我们合著的文章《万有理论》(*The Theory* xviii *of Everything*) [1]。在这篇文章里，本书的主题第一次得到清晰的表述。

那篇文章的巨大轰动效应是我们始料不及的，同时也使我们意识到有必要写一篇更详尽的文章。戴维的访问还使我积极投身于他的关于复杂适应物质的研究会，这是一个讨论如何从实验观察中直接孕育出数学的世界观的跨学科论坛。该研究会还鼓励（力促）科学家以平易的语言互相介绍各自的工作。这种实践的价值是无可估量的。我通过这个研究会主办的研讨会了解了很多其他学科，其间的个人接触要比我在其他专业活动中得到的机会多得多。

我还要特别感谢两个研究机构在我写作时给予的学术照顾。一个是日本的川内材料研究所，2002年11月，我在那里度过了一段时间的学术假期，承蒙前川贞道（Sadamichi Maekawa）教授的热心接待，我们在广濑河岸附近的寿司店里不止一次品尝了昂贵的寿司和河鳗。另一个是首尔的韩国高级研究所，我是那里的客座教授。2003年9月，我对该所的访问特别富有成效，这得感谢东道主C. W. 金教授，那里饭店的菜品之丰富也令人叹为观止。

最后，我必须感谢我的妻子安妮塔，我曾答应过与她一道去缅因州度假，她以足够的耐心一直等到本书完成，才得以实现这个重访家庭度假地捕捉优质龙虾的愿望。

献给
爱妻安妮塔

宇宙不仅比我们想象的奇特，
而且比我们能够想象的更奇特。

——亚瑟·爱丁顿爵士

目录

第1章
前沿定律[1]

> 自然是一个集合概念，虽然其本质以每一种单质成分
> 存在，但它的完美却从不取决于单个对象。
>
> —— 亨利·福塞利[2]

[1] 许多年以前，在我还居住在纽约附近的时候，我去看了伟大的自然主义摄影家安塞尔·亚当斯在现代艺术博物馆举办的作品回顾展。像许多出生在美国西部的人一样，我一直非常喜欢亚当斯先生的作品，而且我觉得我比纽约人更能领会作品的意义，于是我迫不及待地赶在第一时间去看了摄影展。这是非常值得的。任何人近距离看了这些摄影作品都会立即意识到，它们绝不是刻板的石头和树木画面，而是充满了创作者对事物的意义、地球古老的年龄、人类关怀的短暂性等问题的思考。这次展览给我的印象之强烈超出我的预期，甚至当我现在遇到难题或分不清事情孰轻孰重的当口，它依然会浮现在我眼前。

公共电视台最近播放的里克·伯恩斯的优秀纪录片《美国历程》

---

1. frontier 这个词有两重引申意义，一是指19世纪初美国扩张时期的西部边疆，二是指探索未知领域的前沿。作者在书中常常交叉使用这两种意义。——译者注
2. Henri Fuseli (1741—1825)，瑞士出生的英国画家和艺术批评家，浪漫主义运动的杰出代表，其作品有恐怖和奇异倾向，如《噩梦》(1781)。——译者注

让观众再一次认识到，亚当斯的作品，如同其他艺术品一样，是处于特定地域、特定年代的艺术家的创造力表现。[1] 在20世纪早期，当亚当斯还是个孩子时，开拓边疆已经宣告结束，美国人热烈争论着这种结束对他们的未来意味着什么。[2] 结果，他们决定不打算像他们的欧洲同胞那样过安逸富足的生活，而是追求一种接近大自然的有意义的生活方式。由此出现了隐喻性的边疆——牛仔的传奇，广袤的原野，坚定的个人主义理想——这些凝固成延续到今天的美国文化。亚当斯的作品正是在不断地演绎这种隐喻的过程中走向成熟的，它们勾起了人们对开拓原生态自然的怀旧心理，从而显示出作品的生命力。

人们常常认为（尤其是在欧洲），拓荒的想法不过是一种离奇古怪的带着乡土气的狭隘意识。欧洲人觉得，表现美国西部的作品的神话性质要比欧洲的更容易识别，因此这类故事的真实性常受到怀疑。我第一次接触到这种思想是在20世纪70年代，是从一本叫《船尾》的杂志上的一篇关于美洲的传奇文章中读到的，当时我正在德国服兵役。随着冷战成为历史，这类文章似乎在今天应更有市场。但实际上这种认识是错的。尽管产生亚当斯作品的那种文化力量的交汇为美国所独有，但作品本身带来的冲击却不是这样。对拓荒的渴望似乎根植于人类心灵深处，世界上不同地域、不同文化背景的人都会很快在直觉上明白这一点，没有哪个国家的人需要通过深入教育才会懂得欣赏和认同原野之美。正因此，亚当斯的作品博得了世界各地的广泛肯定。

科学作为一项伟大的拓荒事业同样是没有止境的。[3] 虽然这种探索有许多明显是出于非科学的原因，但只有科学才是唯一需要开拓的真正的蛮荒之地。这片蛮荒的土地不是花哨的技术机会主义所断言

在欧洲，拓荒的神话经常被贬斥为古怪的乡村狭隘意识

的现代社会中似乎已经不可救药之境，而是在人类出现之前就早已存在的未开垦的自然世界 —— 它给人一种犹如在巅峰上注视一位孤独的骑手驾着三驾马车蹚过溪流时的那种开阔感。它是生态的精心设计，是矿脉的缓慢演变，是苍穹的移动和星体的诞生与消亡。用马克·吐温的话来说，宣称其死亡那是极度地夸大。

我所研究的科学分支——理论物理——关心的是事物的终极原因。物理学家显然无权垄断这种研究，每个人都在一定程度上关注着它。在一种具有因果关系——例如靠近狮子结果被吃掉——的物理世界中生存，我疑心这是人类早在走出非洲以前就获得的返祖现象。我们被造就得生来就喜欢在事物间寻找因果联系，如果发现了一条能够不断涌现出推论的法则，我们会高兴得不得了。[4] 我们还被造就得对那些我们无法从中抽象出任何意义的众多事实极不耐烦。我们所有人内心都渴望有一种终极理论，一套可以推演出所有真理的法则，它可以使我们一劳永逸地从各种事实的羁绊中解脱出来。这种对终极原因的关注使得理论物理学家显得特别吃香，即使他们的研究极为专业化，极其深奥。

这种理论可以说是好事和坏事的混杂。起先，你会发现你对以人为尺度层面上的各种现象的解释已经有了一种终极理论。我们为有这么一套数学关系式感到自豪：它能解释自然界大于原子核尺度的一切已知的事情。这些数学式子既简洁又美观，写出来也就两三行。但这之后你会发现，这种简洁简直就是一种误导——就像一块只装有一块纽扣电池的廉价数字手表，刚买时走时准确，时间一长就不得不扔了。这些方程处理起来极其困难，而且除了个别简单特例之外，不可能解决所有问题。要证明其正确性得花上相当长的篇幅，而且还得处理得极为巧妙，得量化，你得通晓第二次世界大战（以下简称二战）以来的许多多多工作。20世纪20年代由薛定谔、玻尔和海森伯发展出来的基本概念，要等到发展出强大的电子计算机以及政府组织起各类技术人员协同攻关，才能够在足够宽泛的条件下得到实验上的定量验证。像硅的提纯和原子束机器的完善这类关键技术的进步也至关重

要。可以说，如果不是冷战和电子学、雷达以及精确计时技术的民用
5 化，要确切做到所有这一切是根本不可能的。

但在终极理论提出的80年后，我们发现我们还是处在困难之中。[1]
对理论基本关系的重复、细致的实验验证已经正式关上了在日常事物
层面上通往还原论前沿的大门。正像美国拓荒的道路被封闭一样，这
是一件意义重大的文化事件，它引得全世界有头脑的人都在争论这对
知识的未来意味着什么，甚至出现了讨论科学的终结和重大基本发现
不再有可能这类假说的书的热销。与此同时，人们发现，用这些方程
"很难"描述的那些甚至非常简单的对象的列表还在令人震惊地加长。

那些真正生活在西部边疆的人夜里听到丛林狼的嚎叫只会付之
一笑。对一个真正的拓荒者来说，很少有事情能像发现文明人背后的
那块巨大原野那样给他带来快乐，而面对这片土地，文明人却认为没
多少市场开发价值。从历史上看，当年刘易斯和克拉克探险队在哥伦
比亚河口越冬时一定就怀有这种心情。探险队凭着勇气和决心成功穿

---

1. 这里的终极理论是指20世纪20年代开始的将相对论和量子力学结合起来的统一场论。狄拉克
提出的量子电动力学在处理电磁场方面的成功让人们看到了用统一的方法描述自然的希望，随后
电弱统一理论较好地解释了电磁作用与弱作用的统一，那就是，当粒子能量远高于中间玻色子静
质量时，电磁作用与弱作用是统一的，两者的区分是低能下电弱对称性自发破缺的结果。于是人
们要问：在更高的能量下，是不是电弱相互作用与强作用也能够统一到一个具有更大对称性的大
统一理论呢？这就是标准模型的提出。在标准模型里，宇宙的基本元素是3代轻子和3代夸克。每
一代含2种粒子，考虑到每种粒子都有其对应的反粒子，所以共有12种轻子和12种夸克。光子、
中间玻色子和胶子作为媒介子分别传递电磁作用、弱作用和强作用。目前，标准模型与所有高能
物理实验结果都不冲突。但按照标准模型，所有这些基本粒子的质量都来源于所谓的希格斯玻色
子。因此找到希格斯玻色子成为标准模型成功的最后关键。2003年，物理学家们试图通过费米
实验室的正负质子对撞机来验证希格斯玻色子的存在，但未获成功。2007年，欧洲核子研究中心
（CERN）计划启动大型强子对撞机（LHC）来进一步寻找这种粒子。LHC是目前世界上最强大的
粒子研究工具，耗资80亿美元，历时10年之久。它坐落在日内瓦地下100米深的一条周长27千米
的环形隧道里。运行时使质子以高达14万亿电子伏的能量在隧道中相互碰撞，每秒钟约有8亿次，
以便重现140亿年前宇宙诞生的大爆炸后的情形。——译者注

越了北美大陆，却发现这趟行程的价值不在于到达了太平洋东岸，而在于行程本身。在那个时候，政府确认边界纯属合法推定，考虑财产权和移民定居等政策因素远多于应付自然的因素。[1] 今天依然是这样，真正的前沿，固有的蛮荒之地，只有在门外才能发现，如果你愿意一试的话。

　　尽管身处荒野，开拓者还是要受到法律约束的。在当年神话般的美国西部，这一法律就是无主之地上的文明力量，这种力量常常又因为由意志力克服了人性中的野蛮所创造的英雄业绩而得到加强。一个人有选择服从和不服从这种法律的自由，但他如果不服从，那就很可能被枪杀。此外还存在自然法则，事物间关系的真实性并不因人们是否观察到它而有所变化。太阳每天早晨都会升起，热量总是从热的物体流向冷的物体，鹿群见了猎豹总是四散奔逃，这些都和神话中的法 [6]

---

1. 这里讲述的背景是美国历史上一段饶有兴趣的故事：1803年，美国从法国手中购入路易斯安娜（注意，不是路易斯安那州！这是美国领土扩张的第一桩国土交易，由此加速了美国的西部开发历程），但这块地的边界（尤其是西部边界）却不清楚。条约采用法国3年前从西班牙手中重新获得这片土地时的条约措辞，只说应同意出让"路易斯安娜殖民地或路易斯安娜省，其范围与现在西班牙掌管时和以前法国拥有时相同"。这种模糊性并非无意的，拿破仑就曾指示，假如没有这样一种不确定性，那么我们就给它加上这种不确定性。由于自17世纪以来，法国一直声称西面的大洋是它在美洲属地的边界，因此杰弗逊总统据此认为购得的路易斯安娜可能一直延伸到太平洋，于是为了勘定边界，他派出了刘易斯（Meriwether Lewis，1774—1809）和克拉克（William Clark，1770—1838）探险队做实地考察，理由是"密西西比河西面的高地，包括它的所有水系，当然也包括密苏里河"为西部边界是毫无问题的。从那儿往西的边界则或许会引起争议。看一看地图你就会明白，上述引号里的土地范围正好构成了现今的路易斯安那州，而从那儿往西（密苏里河源头以西）则是今天的俄勒冈州（当时属英美有争议地区，1846年才并入美国版图），刘易斯和克拉克探险队正是按照指示到了源头仍一路西进才最终到达了哥伦比亚河注入太平洋的出海口阿斯托里亚，完成了这一考察任务。法国当年之所以乐于促成这桩在今天看来简直荒唐的买卖，一方面借以筹措对英的战争用款，另一方面也想借新生的美国来钳制英国在美洲的扩张。当时美国13州全部毗邻大西洋，人口仅600万，集中居住对增强国力、发展经济是有利的，盲目向西拓展未必有利。因此许多政府官员认为，一个国家的力量不是以它的面积来衡量，而是以它的人口集中程度和实际占有领土的程度来衡量。一位法国地理学家曾将这种美国领土扩张看成是美国"目前软弱和将来瓦解的总根源"。正文中说的国家在土地买卖中优先考虑的是如何移民定居的问题而非如何应付、改造自然的问题，指的正是这一层意思。——译者编自丹尼尔·J. 布尔斯廷著《美国人——建国的历程》，解延光等译，上海译文出版社，1997年。

则截然相反，因为它们出自本能，并构成自然法则的实质而非其遏制手段。的确，按法律形式来描述这些自然事物有些离谱，这么做意味着好像存在一部法典，那些任性的自然物有选择服从与否的自由。这显然是荒唐的，是一种为自然立法的做法。

我们所知道的重要法则毫无例外地都是机缘凑巧发现的，而不是演绎的结果。这与我们的日常经验十分相符。世界上充满了各种可以量化的复杂规则和因果关系，正因此我们才能够理解事物并按自己的目的来探索自然。但这些关系的发现却令人恼怒地不可预见，即使是科学家的预测也是不靠谱的。

这种常识性认识即使在事物处于更全面细致的定量考察的今天依然是正确的。它说明我们对宇宙的把握很大程度上是在自欺欺人——夸夸其谈，全无实质。夸口说所有重要的自然法则都已尽收眼底正是这种夸夸其谈的一部分。前沿仍有待我们去探索，仍是一片未开垦的处女地。

一边是无人知晓的科学前沿，另一边是一整套已知的自然法则，两者间的逻辑矛盾只有通过将其视为突现现象方能解决。"突现"这个词可以指一大堆不同的事情，包括不受物理法则支配的超自然现象。我指的不是这方面，我的意思是指一种组织化的物理原理。人类社会显然有一套超越个体的组织原则，例如，汽车厂商不会因为其员工不巧被车撞了就倒闭了，日本政府也不会因为重新选举就有多大改变。而无生命世界同样有一套组织规则，它们可以解释与我们相关的许多事情，包括我们日常生活中用到的高层次物理定律。像水凝成冰或钢的刚性这些极普通的现象就是其中的简单事例，这样的事例简直数不胜数。自然界充满了高度可信的事情，它们就像原始版的印象派的画。雷诺阿或莫奈笔下的花草之所以令我们感兴趣，就在于它们是一个完美的整体，而涂鸦则是胡乱的色块堆积，不可能完美。这种因人而异的画笔笔触造成的不完美性表明，一幅画的精髓在于它的集体组织性。同样，特定金属的抗磁性源于它们的过冷凝固，但构成金属的单个原子则不具有这种性质。

由于组织原理——更确切地说，它们的结果——可以以各种法则形式出现，它们本身就构成了新的法则，而新的法则群体又可以构成更新的法则，如此等等，不一而足。电子运动法则产生了热力学和化学定律，后者则导致结晶法则，而刚性和弹性定律正是建立在结晶法则的基础上，并由此建立起工程法规。自然界正是这样一种相互关联的等级序列，就像乔纳森·斯威夫特[1]笔下的跳蚤社会：

于是，博物学家看到，这只跳蚤
有较小的跳蚤作为它的猎物；
后者则猎食更小的跳蚤，
如此等而下之，以至无穷。

这种组织倾向是如此有力，以至我们很难识别哪儿是整个序列的基本法则。例如，我们只知道猫的行为不是基本的，因为当被推到超出其正常活动极限的境地时猫就无法生存。同样，我们只知道原子不　8

---

1. Jonathan Swift (1667 — 1745)，爱尔兰讽刺文学大师，著名作品：散文《一只澡盆的故事》，寓言小说《格列佛游记》等。——译者注

是基本的，因为在剧烈碰撞下它们会分裂。这一论证可以用到越来越小的尺度上：在更大的碰撞力作用下，组成原子的核子也会分裂，在比此前更大的作用下，核子释放出的碎片还会进一步分裂，以至无穷。大自然组成物理法则等级序列的趋势要比学界已知的现有水平复杂得多。那为什么说世界是可知的呢？这是因为，不论这些基本法则是什么，它们既不因我们的作为而变化，也不会对我们施加任何伤害。你可以尽管放心地去探索，当然，不知道终极秘密也能够生活。

因此，所谓知识的尽头和前沿的封闭纯属耸人听闻，它们只是人类文明史的长河中一时的傲慢表现，到头来终将结束并被遗忘。在寻求理解前沿的组织法则的进程中，我们不是第一代，自欺欺人地认为探索已经成功并正走向结束的观点终将破产。人应有自知之明，就像爱尔兰渔民所说的，大海是宽广的，渔船则是渺小的。我们需要依靠开发未知领域来生活、成长，并借以确立我们的生存状态，探索未知的法则就是我们生活的终极目标。

第 2 章
与不确定性相伴

快纵然不错，但精确才是一切。

—— 怀亚特·厄普[1]

　　我的同事，遗传学家戴维·博特斯坦经常以解释生物学的精髓就 [9]
是与不确定性共存来开始他的讲授。他向物理学家听众宣讲时尤其强
调这一点，因为他知道，如果不提前警示这个问题，他们很难理解这
个概念，并且会误解他所说的内容。他从没向我吐露过他是怎样看待
这些听众的，但我恰巧知道，大多数生物学家认为物理学家痴迷于确
定性和准确性简直到了任性幼稚的地步，这是其心智局限性的证明。
而物理学家则认为，容忍不确定性是二流实验的借口，而且可能是产
生误判的潜在原因。这种文化上的差异根植于这两门学科的历史发展
（物理学和化学与工程结伴发展，而生物学则源自农业和医学），它反
映了我们社会中对什么是真实和重要的这些一般观点在认识上的差
异。而且正因此，物理学家和生物学家之间缺乏有效的交流。

---

1. Wyatt Earp(1848 — 1929)，美国赌徒和著名枪手，曾任亚利桑那州汤姆斯通市警察局副局长
(1881)，因OK镇大决斗（由厄普和他的兄弟们对抗克兰顿兄弟们）而闻名。美国西部片 *Wyatt
Earp*（1994）（中文译名《执法悍将》）描述了其传奇的一生。——译者注

10   这种交流障碍不时会出现在我和我妻子的对话中，特别是在花钱方面。她经常不经意地暗示说什么什么东西贵得离谱，她无法单独决定是不是要买，于是我开始问她些问题以便了解其底线，譬如说我们对这项购物到底有多大兴趣，或者说它对我们的总开支会有多大影响。她的反应是认为跟我没得商量，因为我看问题总是不是黑就是白，从不考虑还有灰色。我解释说我这不正在寻求解决问题嘛，她却反驳说我过于简单化。她强调说，世界上的事情是很微妙的，不总是黑白分明的，你老坚持要给事情分类，根本就不现实。我回应说，没有比免受牢狱和破产之苦更实际的了。这种争执的时间长短取决于要花的钱的多少，但最终总是以双方达成某种妥协结束。自然，我们的争论无关乎世界观和实在论，只是如何控制使用资金的问题。在家庭问题上，我是个道学家，因此总是输得多赢得少。

物理学家们不喜欢宣称什么是绝对正确的，什么是绝对错误的。我们知道，测量永远不可能绝对精确，因此就有必要知道所做的测量到底有多精确。这是一种很好的做法，它可以让人保持诚实，以免研究报告变得言过其实。然而我们的高姿态是以更易理解的理由为基础的：如果你决意要进行精确测量，那说明你已经打定主意要自己检修一切了。实验的真正诱惑力根本就不在于其高度的理想化条件，而在于你可以操控那些装满导线和仪表的复杂机器，彻夜留守在实验室，啜着咖啡，在立体声的滚石音乐中摆弄着计算机。这里有巨大的 X 射线管、冒着烟的烙铁、中空的核反应堆（中子就产生于这些洞洞中）、高度危险的化学药品和你要获取的信号，等等。"不要用肉眼去看激光。"这同样是解决问题策略的基本要点，而人所共知的与性别有关的个性特征则成为所有关于夫妻的笑话（如妻子看不懂地图，丈夫则

11

拒绝问路）的源泉。[1] 这也就是为什么麻省理工学院的建筑和科目都用编号而不加命名。对那些看到新添了10号楼、13号楼和课程8感到无所谓的人来说，测量要精确是极其自然的事情。我自己就认为所有这些都不错，但不是所有人都这么认为。

　　令我们这些技术出身的人感到宽慰的是，坚持精确性的要求使我们看到了日益增长的精确测量所带来的新的意义。例如，在十万分之一的精度上，我们发现一块砖的长度会逐日不同。检查环境因素后发现，这是由温差造成的，它使得砖发生微小的膨胀或收缩。砖在这里成了温度计。这种观察绝不是傻帽儿，因为热膨胀是所有普通温度计赖以存在的基本原理。[2] 类似精度下对砖进行物重测量就没有这种误差——经过多次重复观察，你就会有质量不变的概念。但在亿分之一的精度上，砖的重量会因测量所在的地理位置不同而显出细微差别。这时这块砖相当于重力计，因为这种误差效应是由地球表面各处下面的岩石密度差异带来的。[3] 在砖上绑上细丝将其吊到天花板上，使砖成为一个摆，其摆动周期也可以用来测量重力。摆动周期的极端稳定性正是各种机械钟摆调节的基础。[4] 如果天花板足够高，摆的质量足够大，并且在摆的转轴上配备一个电动增幅器以阻止摆的摆幅越来越小，那么我们就会看到摆平面会跟着地球转动发生旋转，这种旋转的速率则是对地球纬度的测量。[5] 不懂技术的人容忍了这种对技术的痴迷，否则只会越发愤怒，因为它还产生了有用的新技术。 12

　　另一方面，物理学家倾向于从道德层面来看问题。他们将自己的生活定位在这样一个假设基础上：这个世界是精确而有序的，偶尔出现的对这一认知的偏离是由于实验者没能精确测量或没能对实验结果做仔细分析带来的误判。有时这种误判会带来喜忧参半的结果。我妻弟是一位从事离婚业务的律师，他说他的那些最让人受不了的委托人全是来自硅谷的工程师，他们总是把离婚看得异常简单：清算家庭财产，然后平等分割，挥手作别。因此他不得不耐心地解释事情没这么简单 —— 人在紧张状态下经常会说谎和瞎评估；人有时会欺骗自己；财产的价值不是绝对的；即使大的方面搞定了，还有很多小的方面需要协商；还有很棘手的契约性义务有待处理，等等。这不是说想得简单就错了，只是说它不那么实际。

　　在过去的 3 个世纪里，对细节的专注已经逐步表明，某些物理量不只是可以在一个实验到另一个实验中精确地重复，而是完全普适的。这一结论带来的惊异和令人迷惑的程度简直无从估量。这些物理量的充分可信性和精确性使它们的地位从仅仅有用提升为一种对基本事实的认定。但它们本不该如此。这就像一部汽车以 40 英里／时（1 英里＝1.609 千米）的速度撞了一条狗和以 1 英里／时的速度撞了一条狗，两者的后果肯定不同。这些数值被测得越仔细，它们的普适性价值就会得到越多的认同，正如技术能力的极限被以令人惊异的方式突破所

13 昭示的那样，这种验证今天还在继续。这些发现的更深层次的意义仍在争论中，但人人都承认它们很重要，因为自然界出现这样一种确定性是不寻常的，这需要解释。

　　这种普适量值的一个熟悉的例子是光速。19 世纪末，人们对测量由于地球公转轨道运动带来的光波传播速度变化的兴趣日益增强。在当时，这是一项考验人勇气的技术挑战，因为这要求光速测量的精度

必须达到十亿分之一。这一点是如何做到的始终是物理界聚会时的一个精彩话题，但就我们眼下的讨论来看，简单地说，它是利用反射镜做到的。[6] 到1891年，事情已经很清楚，这个效应即使存在也至少要比基于声波类比和已知的地球轨道速度得出的结论小两个量级。到1897年，结论精度提高了40个量级，偏差已经大到要么认定不存在这种效应，要么就是实验中存在假象。期望中的由于地球运动带来的光速变化不存在。这项结果最终导致爱因斯坦提出光速不变和运动物体必随速度增加而质量增大的结论。

存在由实验测量认定的普适不变量是物理科学的基石。但由于我们对物理学基础的熟悉已经到了熟视无睹的地步，因此这个基本事实常常容易被忘记。尽管我们还在琢磨它有怎样的意义，后现代哲学家已经正确且富有洞察力地指出：科学理论总包含有主观成分，而且这种主观成分要比客观实在的编排多上几倍。[7] 将当年德国奥托·冯·俾斯麦首相的著名妙论"法律就像香肠——最好别看它是怎么做的"用到科学理论上那是再恰当不过了，我自己就有同感。正像在人类其他活动中一样，有必要不时地对科学进行清算，重新评估哪些是我们已深刻理解了的，哪些还不是。在物理学里，这种重新评估[14]几乎总是要涉及精确测量问题。每个物理学家的内心深处总抱有这样的信念：精确测量是区别真假的唯一方法，甚至是定义什么是真理的唯一方法。这里用不着后现代主义者为普适常数能否过得了百亿分之一精度关担心。

当物理学家聚在一块儿尽情谈论彼此感兴趣的事情的时候，他们最爱谈论的主题之一就是现代钨丝灯泡的发明人欧文·朗缪尔关于伪科学的著名演讲。[8] 演讲中搜集了历史上许多伪科学和科学诈骗的珍贵事例，但更重要的是它表达了这样一个中心思想：在物理学领域，正确见解区别于错误见解的特征，就在于随着实验精度的提高，其正确性会表露得越发明显。这个简单道理抓住了物理学家内心的本质，从而解释了为什么物理学家们总是痴迷于数学和数字：在精确性面前，一切伪装都会被剥去。

　　这种态度的一个微妙而不引人注意的结果是真理和测量技术密不可分。严格来讲，你要测量的是什么、机器如何工作、如何大幅度减少误差、哪些不可控因素决定着可重复性的上限，等等，所有这些问题要比掌握基本概念复杂得多。在公开场合，我们谈的是这些普适常数的必然性，但私下里，我们则认为谈论什么该是普适的就太外行了，就好比我们认为一个人大谈该从股票上挣多少钱一定是个外行一样。你必须实际去做实验。这种做法看上去似乎最迂腐，但它却是常识。人们一再认为是普适的那些事情到头来未必是真的，而那些你觉得是变化的事情很可能不是你想象的那样。实际上，当我们谈论普适量的时候，我们是在谈测量它们的实验。

15　　就普适量的实验测量来说，极个别高精度实验在物理上的意义要远远超出人们的想象。这些特殊实验的数量在10～20之间，[9] 看你怎么去算了，它们都弥足珍贵。大多数这类实验不为外行所熟悉。就真空中的光速而言，目前已知的精度已优于十万亿分之一（10^{-13}）。还有里德伯常数（刻画由稀释原子蒸气发射的光波长量子化的量，它也是原子钟的高可靠性的基础），目前已知的精度为百万亿分之一（10^{-14}）。另一个例子是约瑟夫森常数，它是联系某种（超导）金属结上所加偏压与产生的射频波频率之间的一个常数，其精度目前为亿分之一。还有就是所谓冯·克利青电阻，一种将加载到特殊半导体上的电流与横向感应电压联系起来的常数，其精度为百亿分之一。

看上去似乎矛盾的是，这些高度可重复性实验的存在使我们不得不以两种相互抵触的方式来考虑其基本性质。其一是这种精确性反映了构建我们这个复杂而不确定世界的原始砖块的某种性质。我们说光速是常数，因为它确实是这样，同时还因为它不能由更简单的量来构成。这种思想基础使得我们认定这些高度精确的测量结果构成一些所谓的"基本"常数。另一方面，这种精确性反映了一种由组织原则带来的集体效应。例证之一是像空气这样的气体的压强、体积和温度之间的关系。众所周知，刻画稀薄气体的普适常数的精度为百万分之一，但这只有在存在大量气体分子的情形下才有意义，如果气体分子的样本太少，误差就会很大，如果只有几个原子就根本谈不上测量。这种对样本大小的敏感性是因为温度是一个统计量，就像住房的市场需求，[16]也是定义在大样本基础上的。这两种思想无法调和，而且针尖对麦芒，十分尖锐。但我们却用"基本"二字来描述两者。

自然，这种疑难是人为的，只有集体思想是对的。但这并不明显，甚至受到某些物理学家的激烈反对。如果我们对实验本身进行严格考察，弄清楚它们是怎么工作的，就会看出这一点。

对不从事科学研究的人来说，集体精确性可能不太好把握，但也并非不能。生活中就有许多熟悉的事例——例如每天坐车上下班，早晨太阳一出来，你便会感到这是对地球在运动、太阳是个大热源等事实的最可靠的说明了。但还有另一些同样重要的事实：每天上班高峰时刻，专线车和地铁总那么挤，而且可以预料乘车的人会越来越多。你会设想要是所有这些人哪一天都得胃病待在家里就好了，但显然根本没这种可能性。乘公交车的情形只是简单的、由众多个体在他们每日生活中做出的复杂决定所产生的协同现象之一。为了估计早上 8 点公交车站的乘车状况，你不必知道这些乘客有没有吃早餐，他们在哪儿上班，他们有几个孩子，都叫什么名字，等等。公交的这种状况就像稀薄气体行为一样，有一种集体确定性。这种确定性是否像太阳东升西落那般确凿最终得由实验决定，但我们的乘车经验告诉我们确实如此。

　　这种集体效应冒充还原论的一个精彩事例是原子光谱的量子化。稀薄原子蒸气辐射出的光的特定频谱对外界干扰极不敏感，它们甚至可用作精度为 10^{-14} 的时钟校准信号。但这些波长有一个精度为千万分之一的频移——这要比时钟的校准误差大 1000 万倍——在除了原子之外不含任何东西的理想世界里本不该出现这种情形。[10] 困难但可靠的计算表明，这种移位源于电子的真空极化效应，这种效应与金属导线或计算机芯片中电子运动时出现的情形差不多。换句话说，表面上看，真空中一无所有，但实际上它不是空无一物，而是充满着"填充物"。当有物质经过时，真空极化的谐振作用就会使物质的性质发生微小的变化，就像窗玻璃中的原子和电子的共振作用会使得射到玻璃上的光发生折射一样。这种原子实验的高度可重复性和可信性全仗着这种"填充物"的均匀性，其原因至今不明。给这种均匀性一个合理的解释是当代物理学的中心课题之一，也是暴胀宇宙学[11] 这一宇宙内在统一理论主要要攻克的目标。因此甚至连原子光谱的恒常性都有着集体性起源，在这个例子中，集体现象就是宇宙本身。

　　集体性的一个更直接也更麻烦的例子是宏观测量对电子电荷和普朗克常量的确定。电子电荷是物质带电量的不可分的最小单位，普朗克常量则是刻画物质波动性质的动量和长度之间的普适联系。两者均为还原论的核心概念，且均由大机器检测从原子中电离出的单个电子的性质这样的传统方法确定。但它们的最精确值的确定却并非出自这些机器，而是约瑟夫森常量和冯·克利青常量的简单复合，对这种复合常量的测量简单到仅需要冷冻冰箱和电压表就够了。[12] 当人们明白这一点时简直惊奇极了，因为这两个量测量时所需的样本根本谈不上完善：化学杂质、原子错位，以及带有像晶界和表面形貌这样的原子结构，所有这些随处可见。它们本当对所需精度的测量造成严重干扰，但事实是它们没有，这说明其中必有强有力的组织原理在起作用。

　　物理学家很少谈论基本物理常数测量中的集体性质的一个原因是，它会带来非常麻烦的后果。迄今为止，我们对物理世界的认识都是建立在实验确定性的基础上的，逻辑上说，我们应当将最确凿的真理与最确实的测量相联系。但这种认识意味着集体效应将成为超越微观法则的真理。就温度测量的情形而言，这个结论很容易理解和接受，因为温度从一开始就不存在还原论的定义。每个物理学家都明白，热从热物体流向冷物体的趋势是非常一般的，即使你明显地改变微观性质——譬如使宇宙间所有原子的质量增加一倍——但只要系统不是足够小，这个趋势就不会受到任何影响。但电子电荷就是另一回事了。我们习惯于把电荷看成是与集体性质无关的构建自然界大厦的基本材料，但前述的实验显然否定了这种认识。实验表明电子电荷只有在集体的背景下才有意义，这种集体背景既可能是空间的真空极化（通过调整原子波长来调整所带电荷），也可能是先于真空效应的物质所为。不仅如此，物质的这种取代能力要求组织原理起着如同在真空下同样的作用，否则的话这种效应就变得不可思议了。

19　　如前所见，电子电荷之谜不是唯一的。所有基本常数都需要在一定环境背景下才有意义。从实用上说，还原论和突现论在物理上的区别是不存在的。这只是人类的一个艺术创造，就像我们有时给无生命对象赋以性别一样。

确定性通过组织突现的思想根植于现代生物学文化，这也是我在生命科学方面的同事急于表白他们容忍不确定性的理由之一。这表明他们知道个中情形。他们通过这种陈述要表达的实际上是：微观不确定性无关紧要，因为组织以后会在一个较高水平上产生确定性。另一个理由当然是他们想使钱袋子的口敞得大点儿，我妻子在花钱问题上经常使用这种策略。但不论哪种情形都不能仅从字面上来理解。如果生物学的本质真是不确定的，那生物学也就不成其为科学了。

相比之下，在物理学方面，对不确定性源自何处，其意义是什么等问题的深刻的意识形态分歧还远没有解决，但我们同意搁置争议。这种妥协让人想起邓小平的著名论调：甭管白猫黑猫，抓住老鼠就是好猫。[13] 对一个坚定的还原论者来说，鉴于存在着从微观层面上解释这些实验的可重复的还原论途径，因此无视集体原理基本性质的证据一点都不奇怪。但这并不正确。例如温度的微观解释有一个被称为等概率事件假设的逻辑步骤 —— 一种原子墨菲定律 —— 即这一假设不是推定的，而是热力学中组织原理的简明表述。[14] 对约瑟夫森常量和冯·克利青常量效应的表面上的推理性解释总具有"直观上显然的"步骤，其中相关的组织原理被不加证明地认为是正确的。当然 20 它们实际上就是正确的，因此这个推理是对的，但从推理者的角度说，这种预设是没必要的。考虑到还原论者的文化背景，理论家们经常给这些效应加上好听的名字，经进一步细察，它们不外乎实验本身的同义语，没有一项达到过理论所预言的高测量精度。

就像人们不谈论没搞清楚的其他事情一样，对什么是基础还没有清楚认识这一心结以后还会不断地萦绕在我们心头。其最危险的潜在副作用是将我们导向在越来越小的尺度上去搜寻原本不存在的意义。我对这一点十分担心——当然是出于文化上的考虑。出生于干旱地区的我对沙漠格外敏感。[1]

我的曾祖辈十几岁时取道圣菲小道[2]来到加利福尼亚，并在日记中记下了沿路的经历。日记里记载了他和同伴在新墨西哥的一次死里逃生的经历。他们到一个小镇去补充给养和水，并顺便打听穿越沙漠的路，得到答案后便启程了。两天后到达了第一个补水点，结果水窖是干的。于是他们不得不忍着饥渴跋涉两天多时间赶到第二个补水点，结果发现水窖还是干的。接下来两天，赶到的下一个补水点仍是干的。事实已经很清楚，回去，镇上的人肯定会杀了他们。于是他们开了个

---

1. 作者出生在加利福尼亚州中南部的维塞利亚，加利福尼亚州南部内陆地区严重干旱少雨，尤其是夏季，常引发森林火灾。——译者注
2. Santa Fe Trail，1821—1880年间从密苏里的独立城到新墨西哥首府圣菲的一条商路，长达780英里，大部分路段穿越大草原，常有大批阿帕奇族印第安人出没。1880年，艾奇逊－托皮卡－圣菲铁路通车，圣菲小道逐渐失去其重要地位。——译者注

碰头会，做出了一个大胆的冒险决定：卸下马车，留下妇女孩子和所有物件，男人们回镇上，开枪制造恐怖，然后带水回来。故事显然有个美好的结尾，否则也不会有我。

21　　尽管有证据显示，物理学家（从表面上看，更多的是科学家的逻辑）会从精确测量得出无效结论，但精确性和确定性仍将具有与我们性命攸关的科学价值，因为追求测量和解释中的精确性是我们揭示组织原理的唯一明智的手段。技术知识像其他知识一样很容易受到政治智慧的左右，只有确定性这一支柱能够给予科学以特殊地位和威信。追求确定性不是像勒德派[1]物理学家所鼓吹的那样是一种不合时宜的时代错误，而是科学的精神实质。它就像古时候的宗教 —— 偶尔会让人心烦、令人疲惫，但永远不会不相干。我们所有人，也许甚至包括所有生命体，都有赖于这样一种信念：我们面对的大自然犹如灯塔，引领我们渡过不确定的世界。与生活中其他方面比起来，一个人会犯的最大错误，就是由于误将谬误当作真理而削弱了整个系统。其结果是系统在人们最需要它的时候瘫痪了，我们迷失了方向。

---

1. Luddite, 1811 — 1816 年英国手工业工人中参与捣毁机器、反对技术进步的人。—— 译者注

第 3 章
登上牛顿马车

> 自然法则实施的是对地球的看不见的统治。
>
> ——艾尔弗雷德·蒙塔佩特[1]

1687年，艾萨克·牛顿通过出版《自然哲学之数学原理》(以下 23
简称《原理》) 这本宇宙物理学法则的科学经典改变了历史。[1]自古
以来，自然界运动的规则性早已为人所共知，近代如伽利略、开普勒
和第谷·布拉赫这些文艺复兴巨匠，通过细致的实验观察对这些知识
进行了梳理和定量化。但牛顿超越了这种对规则性的观察，确认了它
们的数学关系。这些关系不仅简单有效而且可以解释许多过去看似无
关的行为。牛顿运动定律被证明是如此值得信赖，以至于一个观察如
果与它不一致，那么这种不一致性会很快成为该观察为误观察的靠得
住的判定依据。它们在工程学、化学和贸易中得到了重要应用，并最
终成为整个技术世界的逻辑基础。难怪亚历山大·蒲柏[2]的著名悼词
今天读来仍让人潸然泪下：

---

1. Alfred Montapert，隽语警句作家。——译者注
2. Alexander Pope (1688—1744)，英国著名诗人，代表作有《夺发记》《群愚史诗》等。他精通拉
丁文和希腊文，曾将荷马史诗《伊利亚特》和《奥德赛》翻译为英文，在英国广受欢迎。蒲柏是第
一位受到欧洲大陆关注的英国诗人，其著作被翻译成欧洲许多国家的文字。——译者注

自然与自然的法则隐藏在冥冥暗夜中；

上帝说让牛顿诞生！于是阳光普照太空。

24 牛顿《原理》的最大影响不是来自其对行星轨道和潮汐的解释，尽管这很完美，而是通过这些事实说明了时钟宇宙的合法性——一种明天的、后天的乃至日后每一天的事情都唯一地通过一组简单法则取决于今天的状态的思想。[2] 牛顿的计算与行星的实验观察结果之间的令人惊异的定量一致性无疑令人确信，他的定律可以正确地说明天体，天国的神秘面纱被揭开了。这些定律的简明性、合理性和与伽利略对地面物体运动观察的一致性暗示着它们有着更一般的应用——它们是时钟工作的原理。这一点一再为后续的观察所证实。在4个世纪的实验观察中，只有在原子尺度上的实验与牛顿定律相悖，现在我们知道，在这种小尺度上起作用的是量子法则。

经过数不尽的富于创造力的头脑的精心检验和探索，牛顿定律的高度精确性已深入人心。细算起来，这些检验可分成若干类。一类是
25 对天体运动的细致观察。牛顿定律不只是详尽解释了行星轨道运动的形状和历史，而且正确预言了太阳对月球轨道的影响，[3] 小行星和彗星的抛物线轨道以及小行星带的稳定性。海王星轨道与牛顿定律的不一致则导致了天王星和冥王星的发现。[4] 另一类检验由精密机械钟表的研究和制造组成，其中包括原初的惠更斯摆钟，[5] 由它衍生出的平衡轮计时器乃至现代手表中用的石英振荡器。[6] 第三类是基于回转仪原理和回转罗盘、回转稳定器技术。[7] 牛顿原理还被用来设计机械和高楼的抗震稳定性，它也是电学的姻亲，由后者产生了电力传输、计算机和无线电。

大量的创造性精力投在了检验和利用牛顿定律上

　　尽管牛顿定律如此成功，它所取得的工程技术成就有目共睹，但许多人仍认为时钟宇宙难以接受。它忽视了我们对自然界复杂性的常识性理解，也没考虑到我们的这样一种信念，那就是未来不是完全注定的，而是依赖于我们今天如何选择。牛顿定律似乎还与我们每日的生活经验不协调，并且隐含着一种不正确的道德影响。例如，它可能成为你想让别人做任何事情的借口，尤其是当你看到这事会产生不良结果的时候，因为你抱定了自然毕竟只是机械性的念头。它还能使逻辑狡辩合法化。我第一次听我父亲解释这个概念是在多年前一次饭后关于宿命论的闲谈上。不知怎么，他对孩子们无心谈到的关于实在的议论变得非常生气，几乎难以自制，当时我们把逻辑解释成一种有条理地出错的方法。现在我年龄大了，很能理解他当时的心境。以他多年律师生涯的沉痛经历，他知道人是通过类比来推理的。当我们说某事不合理时，我们的意思通常是这件事不适于用类比的方法来处理。纯粹的逻辑是一种建筑在这种基本推理工具顶端的超结构，因此内在地就很容易出错。但不幸的是，在最为困难的时候 —— 即当我们面对那种无法与已知情形相类比的新情况的时候，我们就需要这种纯粹逻辑。牛顿和爱因斯坦区别于我们的也正是他们长期认真地从事这种严谨逻辑思维的能力。因此在这一点上，我父亲是对的，但只对了一部分。通常我们相信也必须相信逻辑。这么多世纪积累下来的有关宇宙精确运行的材料证据可谓堆积如山。在回答生命的秘密这个问题上，我们必须另辟蹊径，找出这种观念的漏洞。

在17世纪，当现今意义上的物理学刚刚诞生的时候，这种物质决定论的道德难题甚至要比今天更难处理。1633年，伽利略因违反1616年颁布的禁止传播哥白尼的宇宙论而被意大利宗教裁判所监禁。他被发现有"持异端邪说的重大嫌疑"，这个判决虽较事实上持异端邪说为轻，但仍须公开宣布放弃对地球绕日运行的信仰。[8] 像许多伟大的科学家一样，伽利略具有反叛的性格。他曾因坚持自己的通过实践来求知而不是仅仅通过苦思冥想来求知的为学之道而中途退出了大学。他的学术生涯异常成功。我们今天之所以知道伽利略，主要是因为他发明了天文望远镜以及由此做出的其他发现，像太阳黑子和木星的卫星等，[9] 其实他影响更深远的贡献是清楚地阐明了亚里士多德的那种自由散漫的科学研究方法的基本局限性，他提倡数学严谨性。他在1623年写的《试金者》（*The Assayer*）一书中写到，自然之书"是用数学语言写就的"[10]。不幸的是，伽利略在这本书中着力论述的确定论观点没有给上帝的干预留下任何余地，更有甚者，它还隐含着这样的概念：上帝的事情可以为人类所理解和掌握。1625年，有人向宗教裁判所秘密告发他，说他的《试金者》对基督教神学是个威胁，尤其是对圣餐变体论教义[1]极为不利。有意思的是，这本书还是伽利略乘

---

1. the doctrine of transubstantiation，认为圣餐面包和葡萄酒皆由耶稣的肉和血变体而来的一种教义。——译者注

他的好朋友卡丁诺·巴伯里尼（Cardinal Maffeo Barberini）1623年荣升教皇乌尔班八世之际敬献给他的。[11] 这种指控到了1632年终于达到顶峰，这一年伽利略出版了他的伟大著作《关于两大世界体系的对话》，这本书对托勒密宇宙学说给予了精彩而毁灭性的科学打击。[12] 鉴于它的论证是如此清晰而又富于说服力，是一种比加尔文和路德[1] 二者加起来还要大的威胁，于是教皇下令禁止出版此书，监禁伽利略。他被判有罪，并被软禁于佛罗伦萨城外一座小村庄阿瑟特里（Arcetri）的家中，直到8年后去世。

　　如果没有伽利略，牛顿的工作简直不可想象。牛顿理论里几乎所有的基本物理概念——以及使这些概念得以成立的实验——最初都源自伽利略。正是伽利略第一个认识到物体不需要外部因素来使之运动，而这却正是亚里士多德学说所主张的。在没有外界因素情形下，物体将保持匀速直线运动，直到外界施加了某种作用。伽利略还第一次提出了速度是矢量的概念，矢量是一种既有大小又有方向的量。他还提出了惯性概念，这是物体的一种反抗运动状态变化的属性。他第一个将这种改变运动状态的因素确认为力——一种使速度发生变化的原因，由此，自现在起两秒后的速度应为现在的速度加上由力的大小确定的一个小增量。

---

1. Luther 即 Martin Luther（1483—1546），德国宗教改革运动领袖。1517年开始的影响深远的宗教改革运动就是由他在维滕堡教堂（他是该教堂的牧师）大门上张贴《九十五条论纲》开始的。这些论纲的核心内容就是主张"上帝之语"不是在教会的说教里，而是在《圣经》里，从而大大削弱了罗马天主教会的权威。在被教会流放期间，他完成了《圣经》的德文翻译工作，并以此创建了德国独立的教会组织，即后世的路德教派，其主张是只要有信心，积极行善，服务于社会，就能得到上帝的救赎。Calvin，即 John Calvin（1509—1564），法裔瑞士新教改革领袖，主张宿命论（人间一切事情皆由上帝事先决定，人类无法左右），实行严格的禁欲清苦修行，主张教会应积极干预社会以消灭各种异端邪说和亵渎上帝的行为，他的这些思想对当时的宗教改革运动产生了极大影响，形成了延续至今的加尔文教派。——译者注

　　无论怎么说，艾萨克·牛顿毕竟被公认为近代物理学的主要奠基者，因为他发现了将所有这些概念整合到一个完美自洽的数学体系的方法。他诞生于1642年的圣诞节，这一年伽利略刚好去世。[13] 像伽利略一样，牛顿也具有不轻信权威的反叛性格。在他的剑桥读书笔记的边页上，他用拉丁文写道："Amicus Plato, amicus Aristoteles; magis amica Veritas."（与柏拉图为友，与亚里士多德为友，但更与真理为友。）一如当时的年轻人，他也对天文学着迷，对伽利略和开普勒的书更是手不释卷。我们总是把牛顿取得的巨大成就归因于那场流行于英国的大瘟疫。为了躲避瘟疫，他于1665—1667年间回到了家乡林肯郡。据估计，他正是在那段时间里发明了无穷小演算，而这正是解释开普勒行星轨道运动定律所需的关键性突破。开普勒行星轨道定律说的是：所有行星的轨道均呈同一平面内的不同的椭圆形状，太阳在这些椭圆的一个焦点上；每个行星在其自身轨道上做加速或减速运动，以保证在相同时间内扫过的椭圆面积相等；行星的轨道大小与其运行周期存在严格的数学关系。牛顿利用这种演算符号，便可以非常简洁地将伽利略运动法则写成精确的方程，解这个方程即得到物体在力的作用下的运动的描述。也正是借助这种数学技巧和另一项假定——引力按一定方式随距离增加而减弱——他得以证明开普勒定律实际上可以从伽利略法则推演出来，从而证明行星运动不是一种独立的现象。[14] 而这反过来又使他从开普勒定律所依据的天文观察资料的极端精确性论证了伽利略法则的有效性。伽利略完全错过了这一点，他忽视了开普勒定律，这个定律在他生前就已经发现，但他却认为整个宇宙引力的概念属于非人间所能理解的"隐秘性质"。命运的安排就这么奇怪，伽利略将他的信仰者领到了希望之乡，但他自己却不进去。

我们对学生造成的最大伤害之一，就是教导他们普适的物理学定律显然应当是真理，因此必须死记硬背下来。这么做从很多方面看都是极其糟糕的，其中最坏的莫过于失去了这样一种学习：有意义的事情必须通过努力甚至是艰苦的拼搏才能取得。骄傲自满的态度也是发现这些优美的创新性概念的大敌。实际上，物理学定律的存在是一个奇迹，即使对今天的善于思索的人来说，提出一条物理定律就如同17世纪科学刚刚诞生时一样不是件容易的事情。我们相信普适的物理学定律不是因为它应当是对的，而是因为它是建立在无可争议的高度精确的实验基础之上的。

很难说是什么具体原因，最近在带着一家人进行汽车旅行时，我突然关注起这个问题来了。我问正在学中学物理的儿子，有什么证据能证明牛顿定律是对的。他是个乖孩子，于是顺从地接过话题，大胆地说出了自己的看法，认识到自己说的有点不搭调后，他扭动着身子，咕哝了几句我听不清楚的话，然后就不吱声了。我想把问题提得更清楚些，就问他关键性的实验有哪些。还是沉默。大概天下的父母都会遇到这种令孩子们产生怨恨情绪的幸福时刻。我当然知道他不知道答案，我的本意是想激起他讨论平面运动轨道的欲望——当然最后我还是成功了。我有理由相信结果是积极的。

普适的物理定律就像是冰山，看上去不变的只是露出水面的很小的一部分。这两者从现象上说有共性，但物理定律作为一种思想，其内容则要宽泛得多。我常去远东，在那里，我喜欢用佛教中的小乘教与大乘教来类比。[15] 在小乘教中，教徒们谨守着历史上某些学者的保守教义，而在大乘教，或"大容器"中，教徒们不仅考虑这些教义，

30 而且考虑由这些教义推演出的所有结论。普适不变的事物就是那种每次作用都产生相同结果的事情。物理学定律是两个测量量之间时时维系着相同结果的一种关系。具体到牛顿运动定律，这种关系就是不同时刻两个量之间所满足的一种不变的关系。因此，如果我们现在测得了两个事物间的某种关系，那么以后无须再测量就可以知道两者间的这种关系（假定它们不受干扰的话），因为它们的值是确定了的。在讨论定律时，我们谈的是方程而不是具体值，但核心概念是一样的，关键是精确性。就像普通的精确测量一样，我们内心倾向于将定律分成起源于微观的和起源于集体的，并用"基本的"一词来描述它们。我们发现，当实验事实相差无几的时候，这两种类别之间的差异也变得可以忽略了。

多年来，随着牛顿定律一系列奇迹般的成功，它们已被外推到比最初应用领域大得多的领域中。新的做法是，先假定牛顿定律在这种无法直接检验的场合下是正确的，并据此假设来计算各种物理性质，然后再将其与实验结果进行比较。例如，气体动力学就假定气体是由具有短程斥力的原子组成的，这种斥力使得气体分子间发生如台球那样的相互碰撞。于是人们发现，这种神秘的气体分子有一种强烈的通过碰撞变得混乱的趋势——打过台球的人一定都有这种体会。这种趋势被称为混沌原理，它是天气难以预测的根源。[16] 充分混乱之后的台球的状态就可以十分逼真地模拟稀薄气体的行为，随着气体密度的增加，我们就得到正确的理想气体定律。因此，当我们说动力学理论"解释了"理想气体定律的时候，我们的意思是它说明了该定律的31 起源。但这种推理有明显的逻辑缺陷，即人们用来检验假设的行为本身可能就是一种普适的集体现象。在此情形下，测量肯定对微观假设（即气体分子以单原子状态存在）不敏感，因此根本不可能对其检验。这是对逻辑三段论的误用：上帝是仁爱的，仁爱之心是盲目的，查尔斯是瞎子，因此查尔斯是上帝。[17] 不幸的是，这种论证正是上述这些理论的思路。正如已经证明的，牛顿定律在原子尺度上是错的。

在20世纪早期，人们发现，原子、分子和亚原子粒子必须用量子力学法则来描述，这种法则与牛顿定律有天壤之别，以至于科学家们一时找不到合适的词来描述它们。在诸如原子大小趋近于零、固体热容在绝对零度附近接近无穷大（实际当然不会）等情形下，牛顿定律的预言都不可能正确。一束氦原子射到在原子尺度上无缺陷的固体表面时不会发生如牛顿理论预言的那样的全方位的反弹，而是会像光入射那样衍射成强弱相间的带状。[18] 原子根本就不是台球，而是波，它们的组成恰如水波在适当条件下形成浪涌。[19]

因此，这就可以说牛顿传奇般的定律是突现性的，就是说，它们不是基本的，而是量子化物质聚集成宏观流体和固体 —— 一种集体性组织现象的结果。它们是作为第一定律被发现的，它们带来了技术时代，它们和我们知道的物理学中任何事情一样，是一种真实的存在，但当我们深入到极小尺度上考察时，它们就失效了。奇怪的是，许多物理学家不承认这一点。到今天，仍有人组织大会来讨论牛顿定律作为量子力学的"近似性"问题，认为系统只要是大的，牛顿定律就有效 —— 尽管找不到合适的近似。牛顿定律在宏观极限下突现的要求 32 在早年的量子力学里被称为对应原理，并被视作量子测量意义的一种限定。今天仍可见到的关于这种量子不确定论的著名的病态（至少部分是错误的）逻辑概念正是这种处理的凌乱的结果。但对应原理在数学上仍无法证明。

我对牛顿定律的这种突现性质的第一次了解是从 P. W. 安德森的著名文章《多则不同》[1] 中得到的。在对甚低温下冻结的金属为什么会表现出古怪的超导电性这一问题进行深入思考之后，安德森意识到，核心问题正是对应原理。换句话说，超导行为以其精确性向我们表明：日常事物都是一种集体组织现象。

---

1. Philip Warren Anderson (1923 —)，美国物理学家，研究领域是固体电子学理论。1977年，因在固体磁性和无序系统中电子结构的基础研究方面的贡献，与范弗莱克和莫特一起荣获诺贝尔物理学奖。《多则不同》是他于1972年发表在《科学》杂志上的一篇反对物理学里还原论观点的文章，见 Science **177**，393 — 396 (1972)，后来这句话成为反击还原论的一句名言。——译者注

第4章
水、冰和汽

　　法律就是秩序，好的法律就是好的秩序。

　　　　　　　　　　　　—— 亚里士多德

　　一月的每个周末，成群结队的私家车便赶往明尼苏达湖区去钓 ③③
鱼。[1] 驾车人都明白这么做的危险，但仍愿意去尝试一把。冬季逼得
他们几乎要发狂，没什么能挡得住他们对刺盖太阳鱼、大眼鲥和大鲈
鱼的向往。为了能出门，他们想足了点子，甚至想到说他们的夫人都
喜欢清静并等着做鱼呢。这显然是谎话。夫人们烦鱼烦透了，她们总
是为这种旅行提心吊胆，有时甚至感到恐惧。她们之所以容忍是因为
别无选择。考虑到开车的人的数量，这么多人居然不出大问题真是奇
迹。按照明尼苏达自然资源部的船只及水上安全专家蒂姆·斯莫利的
话，1976—2001年，冰上事故只有117起，其中68％是因为车祸。[2]
显然，冰足够结实，浮力也够大 —— 至少明尼苏达的冬天是如此，只
要有人去检测一下它的强度便可知晓。

　　不只是患有幽闭烦躁症的明尼苏达人，其实我们所有人每天都想 ③④
也不想地就把生命托付给了固态 —— 从站在冰上到在4万英尺高空
要一份小食品。我们凭经验知道，物质在足够冷的情形下会凝结，而

且一旦固化，它便具有形状、外貌和抗形变能力。固体不可能突然失去刚性，即使环境温度有明显抬升——有时只是零点几度——就足以使它融化时也依然如此。在高温熔炉中，金属会四下飞溅，但在我们周围世界里，它表现得稳重而负责任。

　　物质相——我们熟悉的有液相、气相和固相——都是组织现象。许多人对这一点十分惊奇，因为这些相是再基本、再熟悉不过了，但这却是真的。把生命托付给冰不像买黄金，倒像是在证券市场上买股票。如果由于某种原因，公司的组织结构出了问题，那你的投资就打了水漂了，因为这里没有实物资产可保底。同样，如果晶体——其原子都有序地排列在晶格上——组织结构出了问题，那么刚性也就不存在了，这里一样也没有任何其他物理原理可作为基础了。在这两种情形下，我们用以评估对象性质的都是其有序性。我们大多数人都不愿认为我们把生命托付给了某个组织，但我们每天确实在这么做。例如，如果没有经济活动这种纯粹的组织现象，文明就会坍塌，我们所有人都将饿肚子。

　　具有讽刺意味的是，物质相现象的高度稳定性使这些现象成了还原论者的噩梦——一种由化学家放出来的足以碾碎、葬送并时刻给他们的美好生活带来恐怖的哥斯拉[1]。我们时常遇到的一种简单、普适的现象是各种物质对微观细节不敏感。譬如刚性，就根本不取决于

---

1. 哥斯拉（Godzilla）是1954年日本科幻影片中塑造的一种巨型恐龙怪兽，截至2004年，日本以此为题材的系列片已出了22部。好莱坞版的科幻片《哥斯拉》（1998）则演绎了一个全新的故事：核试验带来的气候异常使这个高90英尺（约27.43米）的庞大怪物复活，于是整个纽约陷入一片混乱。影片具有令人震撼的视觉冲击效果。——译者注

细节。此外，虽然相的某些方面具有共性，便于预言，但另一些方面（如在特定情形下得到的特殊相）则不然 —— 水就是这样一种令人 [35] 难堪的特例。按最新资料，普通的冰有11种不同的晶相（据新的发现，这个数字还在增长），其中没有一种是第一原理能够正确预见到的。[3] 这些分别称作冰Ⅰ、冰Ⅱ等的相不会与冰Ⅸ相相混淆，后者是库尔特·冯内古特[1]小说《猫的摇篮》中虚构的大规模毁灭性武器。

相是最原始也是研究得最透彻的突现现象，它确凿地证明了自然界在大小尺度上具有壁垒：微观法则完全是正确的，但它与宏观现象无关，这要不就是因为我们所测量的量对它们不敏感，要不就是过于敏感。奇怪的是两者还可能同时都是对的。这种困难使得我们很难从零开始来计算在给定温度和压强的条件下冰会出现哪一种晶相，而对于给定相也无必要计算其宏观性质，因为它们完全是一般性的。

从人们试图解释清楚相是一种组织结构这一问题上遇到的困难，我们可以看出这个问题有多严重。目前得到的证据都过于复杂，不仅是间接的，而且混杂着理论解释 —— 完全不同于商场上拿出的像证明肥皂或轿车的产品卓越性能那样的证据。这些情形的更深层次原

1. 库尔特·冯内古特（Kurt Vonnegut, 1922 — 2007），美国小说家，1943年应征入伍，次年赴欧参战，在比利时之战中被俘，随后被送往德累斯顿的一个屠宰场服苦役，亲历了1945年2月13日盟军对不设防的文化名城德累斯顿的大轰炸。这场轰炸造成13.5万人葬身火海（冯内古特当时因恰好人在地下冰库而得以幸免），这段经历苦苦折磨了他23年。1969年，他以这一历史事件为背景创作了长篇小说《五号屠场》，强烈抨击了战争中的野蛮行径。冯内古特著有14部长篇小说和若干散文集，被公认为后现代派大家和黑色幽默大师。《猫的摇篮》是其1963年创作的科幻作品，讲述一位对现实生活和人类命运漠不关心的物理学家霍尼克博士扭曲的一生，冰Ⅸ是其临终前研制出的一种常温下的水结晶体。这篇小说确立了他在美国文坛的最初地位。1997年，冯内古特宣布封笔，但8年后（2005年），他以83岁的高龄出版了散文著作《没有国家的人》。2007年4月11日，冯内古特在曼哈顿家中病逝，享年85岁。——译者注

因是从基础到结论的逻辑链条非常不牢靠。我们能确信的唯一一件事就是晶体固相的原子排列呈有序晶格 —— 这个事实由入射 X 射线在晶面的反射具有特定反射角来判断 —— 而液体和气体则不具这种性质。[4] 我们还知道少量原子数目的系统是仅由简单的、确定性的运动定律促成的，并且知道，到目前为止，试图发现这些定律不起作用或被其他定律取代的尺度极限的尝试无一成功。最后，我们知道，基本定律原则上具有说明作为组织现象的相和相变的产生的能力。[5] 因此，当我们剥去那些无用的复杂性后，剩下的就是些简单论据：微观法则是对的，道理上能够造成相；因此我们确信相就是按这些法则形成的，即使我们不能以演绎的方式证明这一点。这个论据是可信的，我认为也是正确的，但它赋予了"cause（导致）"一词一种不常见的意义，这一点很奇怪。按它的用法，我们可以说化学定律"导致"了东京大破坏，但实际上这是哥斯拉所为。

这个论据的可信性使相这种组织形式获得了其他物质形式不曾有的巨大重要性，因为我们不可能掩盖这样一个事实：相都是乏味的。从实用观点看，突现律与奇迹之间并无二致，但从哲学观点看，区别两者非常重要。前者表示的是存在一个由有序的分层发展所控制的世界，而后者则是指由魔力控制的世界。相的判例证明了，至少世界上的某些奇迹是自组织性质的，并由此推论它们全都如此。这也就是在自组织原因从实验上被排除之前，我们倾向于怀疑事物的超自然原因的重要理由之一。

我们在每天的生活中会遇到很多由相产生的事例。例如，如果除去重力因素，液体的任意两点之间不存在压差。这一点并不明显，否则古希腊数学家阿基米德在发现它时也不会大叫着"尤里卡"[1]便光着身子跑到了叙拉古大街上。[6]这一原理是水银温度计、铁甲船以及所有水上机械的浮力赖以存在的基础。液相还有一种电子版，即金属相，它不容许存在电压差。金属的这一特性正是导线之所以能够导电的基础，也是在无线电天线传递信号时不能触摸否则有触电危险的原因。液相和金属相还有特殊的低温版本，分别叫超流体和超导体，它们的 [37] 行为就更令人惊奇了。

然而，最简单的突现现象原型应属晶格的规则性，它是固体刚性的根本原因。晶体的原子有序性可以完美到具有令人叹为观止的长度——在极为良好的情形下，这种有序长度可以排下1亿个原子。[7]早在17世纪，原子有序性就被认为是晶体形貌简单性和规则性的原因，[8]但这种完好程度则要到发明了X射线晶体反射仪之后才为人所知。[9]人们据此推测，这种序的完好性主要取决于X射线反射的精密度，虽然利用低温下导电特性的输运实验也能间接地测知这一点。

为了评估晶化这一奇迹，我们不妨想象有这么一所有100亿个孩子的学校。上课预备铃一响，每个班的老师便让孩子们在巨大的操场上一排排地站好以便排队回到教室。但孩子们有自己的主意，他们的心思还在玩上，不愿意回教室上课。他们烦躁不安，相互间你推我搡，围成一圈玩老鹰捉小鸡，根本无视老师的权威。不用这个例子，我们很难说明一个长程有序的原子排列实际上会是什么状况。如果只是从几百个孩子的尺度上看，这种排列状况无疑是有缺陷的，这一点无须

---

1. Eureka! 希腊语，意即"我发现了"。——译者注

讨论。可如果是 10 万个孩子呢？这时一个班的混乱情形就显得与整体无关了，何况现在是 100 千米长的原子排成的晶体！

晶体中的原子是否如此有序这一点很难一眼看出来，事实上它们并不总是这样。例如氦原子，无论温度有多低，它们都只是液态，尽管对其增压可使其结晶。[10] 像玻璃和塑料这类非晶态物质，要使其晶化就更困难，它们通常只是以半永久性的冻结混沌态存在着。[11] 而对于蛋白质这类物质，要预言哪一种可以结晶、哪一种不行那更是难上加难，尽管这对于现代制药工业有着巨大重要性。[12] 哪一种材料较易结晶，某种程度上可以从它们的宏观结构上来预料，但最终的判定仍得根据其晶格的完好程度。上一次的股市崩盘，《经济学家》解释说是"发生了错位"，我们也可以用它来解释晶体的缺陷。

晶体有序性的最不可思议的一点就是这种有序性在温度上升后仍能保持。温度可看成是我们这 100 亿个孩子体内血液中的含糖量。即使在好的晶体内，原子也总是在晶格位置上不停地运动，因此其实际位置总是偏离理想晶格位置那么一点点，这在物理上叫热运动。其证据是入射到晶体样品上的部分 X 射线的反射波长会出现些许变化，就像从移动的飞机上反射的雷达波表现出的那样。[13] 令人惊奇的是，这种效应不会因具体的反射角而变得模糊，只是反射光强弱的对比度变得稍弱，减弱部分构成了记录照片的雾状背景。之所以会出现这种情形是因为从一个原子的位置到下一个原子位置的结构距离存在着一定的不确定性，但这种位置误差不是累加性的。这一点使得在百人量级上看起来混乱的孩子群在百万人量级上看就变得完好有序了。对比而言，液相情形下的折射图像则显得模糊不清，因为它的位置误差是累加性的，而且在足够大的距离上预测能力已消失殆尽。固体的晶格位置显然具有确定的意义，即使原子不严格处于其上。

晶格排列在长程上的这种严格有序性解释了为什么融化是突然 39 发生的。[14] 由一个原子的位置来预言另一个任意远的原子的位置，这种能力不可能部分地实现，就像人不可能怀孕时只孕育部分器官一样。如果出现了这种可预言性，那么借助简单的逻辑，我们就会明了固体的另一些性质，如形状和弹性。一旦固体发生突变，这些性质也随之消失。不幸的是，通常对固态性质的认识上存在着各种误解。大多数物质的微观结构都不是完全规则的 —— 即使是真正的金属，许多重要的工程性质都要受到这种结构和化学上的缺陷的限制。[15] 按理论家的定义，一只砸到脚上的丙烯材料保龄球不应算作固体，但在你坐在救护车上等着手术时，它确确实实是固体的样子。固态到液态的突变涉及有序性。在玻璃或像保龄球这样的聚合材料情形中，不存在随着温度变化突然出现的相变，因此说用实验方法来确定这类材料是固体还是高黏滞液体毫无意义。[16] 这种区别只是语义上的 —— 因此讨论起来很困难。原则上，对非纯晶态的讨论也会出现类似问题，但实际上，相变的破坏通常小到可以忽略不计。

任何对相变的真实性有怀疑的人都应去尝尝新英格兰的冬天的滋味，那里的天气以反复无常著称。当我还是研究生的时候，我曾被逼无奈在波士顿郊外与人合租一套房子，那时最难应付的就是突降的大雪了。一天，突然来了一场暴风雪。这雪从早晨一直下到晚上九点，接着气温骤然上升，又下起了瓢泼大雨。雨水和着地上的积雪，变得一片泥泞。下水道堵塞，积水漫过人行道。到了深夜三点，正值人们

40 熟睡之际，由加拿大南下的极地冷锋又不期而至，使温度骤降到零度以下，把街道路面冻成了一英尺（1英尺 = 0.3048米）厚的冰圪垯。到了早晨，扫雪机已不起作用，停在街上的车一夜间都成了坟包。整个城市等了一周，盼望冰融雪消，可根本没指望，于是只好摊开毛巾，覆上沙子开路，由此形成一道肮脏滑溜的冰碴混凝土路，直到春天来临，这一切才告结束。

一旦你知道了要寻求什么，异于固体的其他相的组织性质也就很容易说明了。物质的集体性质可由大量该物质集合体的一个或多个行为来清楚地辨认出；但如果仅以少量物质形式存在，则这种集体性质就会变得很不清晰甚至不存在。由于这种行为具有确定性，因此它不可能随诸如压强或温度等外部条件的变化而连续变化，但会在相变点上发生突变。由此可知，组织现象的一个明确印记是剧烈相变。但相变本身只是一种迹象。重要的不是相变，而是使相变成为可能的突现性质。

冰的融化和升华相变标志着晶态有序的消亡，取而代之的是流体力学集体行为。[17] 流体力学法则相当于一种精确的数学处理，直观上我们大都把它和液态联系起来，诸如静流体压强、压强差下的平稳流动趋势和黏滞定律等。还没人能够将这些定律成功地从第一定律中推导出来，虽然在许多情形下有可能这么做。像大多数突现现象一样，我们之所以相信这些定律，是因为我们观察到这些现象。正如固体的刚性定律，当流体的空间尺寸和时间尺度变得越来越大和越来越长的
41 时候，流体力学法则也就变得越来越精确，反之，小到一定尺度上时，这些法则失效。在长波长情形下，流体力学法则的这种突现性质正是

液体中能够传播纵向声波和液体的剪切应力总为零的根本原因。流体力学原理对细节的不敏感性使得深海潜水员可以持续地彼此说话交流，虽然声音听上去活像唐老鸭，这是因为他们呼吸的气体中混合的是氦而不是氮。

各向同性液体不只是在性质上与固体相反，而且还是取代后者的多种选择之一。工业上最具意义的是液晶相，它们已被制成计算机的平板显示屏和廉价的手表。[18]这些材料的特点是经不起剪切作用，这一点和通常流体一样，但残留的各向异性使它们能够对小的电信号做出扭转光的偏振的响应。另一个例子是六重相，一种具有类流体剪切性质且有六重取向记忆的态，这种相可以通过将普通惰性气体原子压缩到石墨中形成。[19]（实验上很难测知六重相，因此它的存在性还有争议。）还有个例子是"不可压缩"相，在其中无法传递普通声波，这种相出现在磁场里。此外还有超固态，一种理论上具有刚性形貌但不乏流动性的相，有报道最近在实验中对它进行了观察。[20]这些奇异相都很罕见，但其存在仍具有重要性，它们说明我们通常熟知的固态、液态和气态只是某些更一般态的特殊情形。

液相水区别于气相水的确切性质相当微妙：介于两者之间。水和蒸汽是如此不同，以至于我们很难想象如何将它们分开，但有时我们能做到这一点。当我们将蒸汽压提高到超过水的沸点（其副作用是提高了水的沸腾温度），动荡的界面就会变得越来越难以辨认，升到临界压强点，界面完全消失。超过此压强后，气液两相的区别就不存在 42 了，而是合并为单一的相——流体，因此它不存在表面。使气液达到合而为一的压强在工程技术上很有用，因为此时蒸汽的特殊膨胀性质能够使引擎效率达到最高，除此之外用处不大。从这里我们看到，区分液相和气相的突现现象不是序的发展，而是表面的发展。像晶态固体的晶格或流体的流体力学定律一样，这种表面及其运动规律在越大的空间和越长的时间尺度上表现得越稳定，但在小尺度极限下则不成立。[21] 正是这种作用带给我们云、雨和大海的波涛。

　　就目前来说，相组织的最重要效应是使物体得以存在。这一点很微妙而且很容易被忽略，因为我们已习惯于根据牛顿理论来考虑固化。但原子不是牛顿经典力学意义上的球体，而是稀薄的量子力学客体，它不具有一个物体所有性质中的核心要素 —— 可分辨的位置。这也就是为什么用牛顿体系来描述自由原子总是徒劳的，它们既不在这儿，也不在那儿，但又处处都在。只有聚集成大的客体之后，原子的牛顿描述才有意义，反之不成立。我们或许可以将这种现象比作一部斯蒂芬·斯皮尔伯格尚待拍摄的影片。影片中，众小鬼只要挽起手臂便即刻显出人形。反过来说，只要以人形出现，这些小鬼的数量必定极其多。但仅仅将原子束缚在一块儿成为大分子是不够的。例如富勒烯 —— 一种由至少 60 个碳原子组成的足球状分子，其衍射性就非常完美，因此仍属量子力学可测量的研究对象。[22] 但随着样本大小增长到无限大，整个物体的内部运动和集体运动之间的区别就变得仅具定性意义了 —— 后者已成为牛顿理论的研究对象。我们不认为原子是牛顿理论的研究对象，是因为突现现象已使这种错误变得无关紧要。牛顿理论只对物体的整体运动有意义，内部振荡运动仍保持完全量子化性质。

　　物体的集体突现性是过冷环境下出现的超常现象的基础。[23] 超流体氦能够像连环画里超人一下子跃上高楼那样，自己沿杯壁爬上来逃走。但与超人不同的是，这种非常奇怪和不可思议的特点却从未被人注意到并在通俗科幻杂志上予以报道。超流体的黏滞性不是很小而是根本就是零，因此它们能够毫无阻碍地穿过多孔塞，就像塞子不存在一样，并且在容器转动时保持严格静态。类似地，超导体容许电流无损耗地通过，并在呈环形流动时产生磁场，因为这时流动的是原子核而非电子。

超流体和超导体都是理想晶体刚性的流体版本，但这不是显而易见的，部分原因在于它们似乎属于在牛顿世界里找不到可类比现象的特殊的"量子"现象，正像人们认为零温度流体力学不属于牛顿范畴一样，但实际上这种认识是不正确的。还有一点值得指出，那就是精确性。有幸的是，超流体的序尽管古怪但很简单，因此很容易理解。你可以将它描述成一个装着小精灵的魔盒，魔盒内有一道无形的门，但把门的只让同一党派的精灵通过——这当然都是虚构的。如果我们对这个盒子实施干扰，使得持一种政治观点的居左，持另一种观点的居右，于是盒内精灵的主要党派之间就会变得紧张，并对我们称之为超流体流动的质量迁移做出反应。

通常，超流体的刚性强度足以与普通晶体的刚性相媲美，人们可 44 在这两者之间进行类比。因此，如果你冷却一个转动着的装有氦的容器，使其中的氦发生超流体相变，该流体将一直转下去，同时形成一条条极细的量子化涡旋线。[24] 这些线是晶体内线状缺陷的流体版本，所谓线状缺陷是指人们可以在晶体上用刀沿此线切出一片薄片来，然后再将切口处的两个面压结成一体的地方。[25] 流体中不存在晶格缺陷，因此切口记忆是以一种特殊的以该线为轴的持久流动来保持的。

　　晶相和超流体相以及它们所特有的行为都是物理上被称为自发对称破缺这一重要抽象概念的具体事例。这个概念已被用到从工程到空间真空的现代理论等各个方面，[26] 人们甚至认为生命现象也与此有关。[27] 对称破缺概念很简单：物质自发地集体获得了一种性质或偏好，它们不能用基本法则本身来表达。例如，当原子按序排列成晶体后，它们便获得了各自偏好的位置，即使在晶体形成前这些位置无所谓优先。当一块铁变成磁铁时，磁性便会自发地选择一个方向作为指向。这些效应之所以重要，是因为它们证明了组织原理能够给原初物质一个属于自己的思想，使它能够自己做决定。我们说物质做决定都是"随机的"是指某些不起眼的初始条件和外部影响具有基础性作用，但这并未触及物质的本质。决定一经做出，就立刻变成"现实"，随机性就再也不存在了。对称性破缺为说明自然界如何能够自主地按照简单的基本法则演变成一种充分复杂的系统提供了一个简单而令人信服的例子。

　　相和相变的存在为从牛顿理论角度出发来思考自然界的实践提45 供了一种清醒的现实检验。在明尼苏达湖面上漂浮以及大城市向上的延伸，都是组织如何能够导致法则而不是相反情况的简单具体的例证。这个问题与其说是物理基本定律错了，不如说是它们无关紧要，或者说正是组织原理才使它们变得重要。如同人类的各种习俗惯例，如果组织范围较小，突现法则未必是可靠的，有时还很难看出，但当组织范围发展到足够大时，那么这种突现律就会变得越来越清楚可靠，最终成为确凿的真理。这也就是你会信心十足地购买政府债券或驾车开上冰面而无甚风险的原因。考虑到最近出现的大公司财务诈骗案和金融倒闭案，将突现法则与人类社会习惯进行类比似乎不够稳妥，但这种担心是多余的。这种脆弱性不具有普遍意义，因为自然法则的坚挺性是由更高的权威来保证的。

第5章
薛定谔的猫

> 实在不过是一种集体性的主观臆断。
>
> —— 莉莉·汤姆琳[1]

47　　量子力学是微观客体 —— 分子、原子和亚原子粒子 —— 运动的确定性法则。[1] 20世纪20年代，物理学家们在试图协调众多不合牛顿理论的奇怪而又让人捉摸不透的实验结果时发现，原子蒸气趋于辐射特定波长的光；随着温度升高，热物体发出的色光颜色向短波长移动，其强度随之增强；还有化学键和放射性也难以用经典理论来解释。事实说明，这些问题的解决不在于放弃精确性，而是必须对其机制做彻底的观念更新。这是科学史上一段美好的时光，它展示了科学进步是如何通过改造理论以符合事实而不是相反来取得的过程。

　　学习量子力学堪比一种灵魂出窍反观自身的体验。[2] 在这里，不可能的事情成为了事实真理，词语的意义恰与其日常语义相反，常识性的事实得倒过来理解，等等，不一而足。上量子力学课就好比一遍遍

---

1. Lily Tomlin (1939 —)，女，美国电影演员，出生于底特律，早年家贫，辍学，曾以酒吧歌舞表演为生。1966年赴纽约从事广告表演，后入电视剧《笑一笑》剧组，以其独特的表演技巧赢得观众，声名日隆。一生拍片150余部，代表作品有《纳什维尔》《猫与侦探》《油脂恋》《朝九晚五》等。——译者注

地收听阿博特（Abbott）和科斯特勒（Costello）的 *Who's on First* 节目。[3]　48

　　要说量子力学最让人受不了的地方大概要属它将牛顿理论的确定性与相当诡秘的概率不确定性合而为一这一点了，什么时候要用到概率取决于实验条件。[4] 量子力学知识的这部分内容是指测量行为本身干扰着确定性的时间演化——这种实在论的人存理论无异于贝克莱主教的著名命题：森林里的树倒了不会发出声音。[5] 这当然是荒谬的，这就好比说一件事除非我们看到它否则它就不存在一样。概率法无非是以一定的精确性来描述特定实验而已，也只有在这个意义上来理解实验结果才是正确的。确定性法则如何导致不确定的实验结果，这确实是一个重要而有趣的问题。

　　埃尔文·薛定谔非常了解量子观察疑难的这种荒诞性。作为这一疑难的最早的质疑者之一，他在其著名的思想实验中用猫形象地诠释了这个问题。[6] 想象一个关有一只猫、一个放射性原子、一支盖革计数管和一颗氰化物胶囊的全封闭盒子（如下页图），当盖革计数管有计数时，就会启动传动装置使胶囊落入下方的酸桶中，放出的毒气即置猫于死地。[7] 这套装置的功能就是当原子衰变时能够确凿地杀死猫。量子力学的判定法则认为，一个被称为波函数的神秘量将从原子中慢慢地渗出，就像空气慢慢地从气球里渗出一样，于是，尽管处于原子中的波函数在慢慢减少，但总会有一定量仍处其中。但当我们对波函数进行测量时，也就是当我们打开盒子观察猫是否还活着时，留在原子中的那部分波函数的物理意义表明，原子有一定概率还没衰变，就是说在测量实施之前，系统本质上是一种活猫和死猫的混合态。这个概念的荒谬可笑是自明的，特别是对看见过死猫的人来说更是如此，

这个概念的荒谬可笑是自明的

薛定谔要的就是这种效果。

　　如果事物缺少某个概念环节，那么几乎总是会出现这种逻辑荒唐的征兆。阿博特和科斯特勒的节目当然也是基于这个法则，就像是格雷西·艾伦[1]的癫狂世界：“我知道巴贝·鲁斯[2]有一个双胞胎兄弟，因为我读到过他两次为扬基队夺得胜利。”“他叫自己什么？”“噢，你

1. Gracie Allen（1895 — 1964），美国电影、戏剧女演员，出生于旧金山市的歌舞杂耍艺人家庭，从小开始表演生涯。1922年和乔治·伯恩斯组织伯恩斯－艾伦喜剧演出队。1926年后成为歌舞、电影、广播、电视界明星。共演出过约20部故事片和大量短片。主要有《无线电播音大会》(1932)、《大学生的幽默》(1933)、《多角恋爱》(1934)、《学院假期》(1936)、《格雷西·艾伦谋杀案》(1939)、《诺恩夫妇》(1942)、《双姝夺鸾》(1944)等。——译者注
2. Babe Ruth（1895 — 1948），美国著名棒球运动员，1914 — 1919年效力于波士顿红袜队（Boston Red Sox），1919 — 1935年转会纽约扬基队（New York Yankees），总共击出714个本垒打，这个记录一直保持到1974年。——译者注

真傻，他不必称呼自己，他知道他是谁。"[8]

量子测量情形下缺少的是突现性概念，特别是要读懂仪器的测量结果，我们就需要用到对称性破缺原理。

量子测量疑难的历史是迷人的。即使是激烈争论了80年后的今天，这个问题仍没有得到认识上的统一。在某些物理学家看来，譬如像我，测量的突现性质是明显的，内行人不会浪费时间来讨论这种事情。但对另一些人来说，这却是说不得的异端邪说。分歧的原因在于论据很少，又不能明确地通过目前的实验来解决。科学家像其他人一样，在意识形态上往往坚持自己的立场，尤其是在冲突的情形下就更 50 是如此，结果常常是异乎寻常的。薛定谔的猫经过这么多年的争论已经成为一种先验的符号，并被赋予一种与薛定谔原初意图正相反的意义。它已经具有一种类似宗教的弦外之音，以至于绞尽脑汁来搞懂这只猫经常被学生看成是启蒙的第一步。不幸的是，这是一种错觉。在科学上，人们得到启蒙不是通过找到某种确信哪些事情无意义的方法来实现的，而是通过学会如何辨认哪些事情还不理解，又如何通过做实验来确定这一点来取得的。

在猫的疑难这个问题上，人们不理解的是测量过程本身。如果我们试着按量子力学的观点来描述测量仪器，事情很快就会变得清楚。在各种貌似的非确定论中，理解测量过程都显得极为困难，理由无非是原子数目太多。例如，以猫为例，测量意味着去除盒盖并开灯观察，甚至就让盖开着并不时闻闻有没有气味变化。这种不切实际的试图通过检验来反驳更为简单的解释的做法，使得量子非确定论看上去更像一种关于金字塔的荒诞理论，按它的说法，想必外星人现在正控制着我们的政府呢。逻辑上也还有尚待处理的方面。此外，深入研究表明，原子的数目必须足够多，否则的话仪器不可能正常工作。例如，我们用另外的原子来检测待测原子的放射性衰变，这种做法毫无意义，因为这等于用另一种不可测量量来取代眼下的不可测量量。但用盖革计数管——一种加有高电压和放大器的气体管——来进行实验还是可行的。很明显，我们的"测量"概念要求仪器必须足够大。

一旦我们认识到大小成为一个关键因素，这个谜团就不难解开了：所有量子探测器都是由固体组成的，因此它们都具有固态的对称破缺性质，这是一种只有在大到一定程度才出现的性质。要使一项观察能够在传统意义上来描述，那么就不容许被观察对象因观察作用而发生变化。这就好比我问邻居他对他们系主任是否与前任系主任夫人有染一事的看法，这个问题就构不成一种合格的观察，因为我总会从他认为我指的是谁的判断中得到不同的答案，其实还不止这些，我得到的答案还会随着这一事态的发展一天天地变化。我要得到前后一致的观察结论的唯一方法，就是让他们系的同事彼此充分交流，对此事取得一致意见，集体决定是怎么回事。我们通常说的使主题"明确化"的观点指的就是这一点。这种做法反映到物理上就是让实验中各个精细的量子部分充分地彼此合作，从而使研究目标成为服从牛顿定律的经典对象。例如，当你读取盖革计数管的度数时，你肯定知道，即使你再读一次，数值还是一样的，因为指针是一个笨重的宏观固体。如果我听到从发言者那里传来的咳嗽声，那么教室另一端的学生一定会在不到一秒的时间里百分百地也听到同样的声音——除非他心不在焉，那样的话他听没听到也就不重要了。但在原子自发衰变这个层次上，这却是不对的，因为这时被观察系统会受到观察的干扰。仪器的工作都是将量子信号通过对象的突现性转换成经典信号来进行的。

　　对称性破缺之所以难以从量子力学的基本法则中演绎出来，原因之一就是世界是以纠缠态形式存在的。纠缠是一个很形象的词，使我们不禁想起乱作一团的电线和鱼线，但它实际上更像是所得税。谁都知道，所得税计算的最终结果就是一简单数字——你得缴付的税额，但计算过程可是个牵扯到众多相关条律的复杂过程。你的工资、津贴 [52] 等加上B栏的应税收益，减去免税收益（但这一项得写下来），再加上C栏的营业性收入、D栏的资本收益以及类似的其他项，然后减去搬家费（先要检查3903表以确定你是否属于减免之列）以及应扣除的逐项明细，包括州所得税和抵押收入（但如果你挣了过多的钱，那还是要追缴一部分，具体多少依具体情况而定），还要扣除某些工作费用（除非你有工作），然后以三种方式之一（三者等价）算出你的总的应缴税额，然后查看《报税指南》第34页来确定你最少应缴的税额（如果税务机关忘了提醒您的话），最后填写一张大表。量子体系的波函数跟这类似。有一条法则让你对照着加入不同的项——只不过这里用粒子的位置和取向取代了收入和工作信息——然后折算成一个数。量子体系的态就像税务体系的态，任何时候都要受到这条规则的约束。量子力学的确定性运动意味着这条规则会随时间发生逻辑和系统演化。纠缠意味着规则上的相互依赖，但量子力学的纠缠要远比所得税上的纠缠麻烦得多，因为每一个事项都与其他所有事项相关联。一个灵巧的税收模拟程序可以通过设置这么一条法则来实现：计算政府的岁入，其中乔治的抵扣减免数额取决于艾黎斯付给西泽的工资是多少以及乔治是否买了辆新车。将这个程序中的纳税人数目扩展为全世界全部海岸的沙粒数目总和，你得到的就是如一块方糖般大小的小物体内的量子纠缠问题。[9]

量子纠缠是那些易于理解但难于置信的问题中的一种，就像免费开立的账户或烟草当局为自己的清白表白。毕竟这都是真的。许多实验证明，有效的最简单直接的证据来自原子光谱学。原子蒸气辐射出特定波长的光，其准确值取决于原子，但谱的锐度和明晰度则不依赖于原子。波长被认为由纠缠电子波函数的运动规则精确地决定。不仅如此，这些规则严格遵从这种光的所谓里兹组合原理的法则，里兹组合原理要求观察频率总是为更基本的物理量的差。[1]最近对量子力学纠缠性质的关注又起高潮，但实际上它每天都在原子辐射光的精确测量中得到说明。[10]

纠缠难于置信，部分是因为它是一种我们能够控制但很难亲眼看见的突现现象。如果一列货运列车驶来，我们不需要考虑它与附近昆虫的关联就知道该远离铁道。仔细观察列车拉闸时碾死的昆虫数量来计算这些不幸昆虫的质量也是不实际的，即使这在原则上是可能的。在这里，昆虫已成为不可观察量。类似地，要检测量子纠缠对电压表动作或对扩音器发出的"啪啪"声的影响同样是极其困难的。这不是构建固体探测器带来的副效应，而是实际探测过程本身使然。仪器的工作就像列车，其中的量子纠缠并非不可见，而是不足以对实验结论构成影响。

---

1. 原子物理学里对里兹组合原理的标准表述是：光谱线的波数可表示为两个光谱项之差。因为波数与频率仅差一常数（光速 c），不影响表述的实质，故作者没有用更专业的术语。——译者注

量子测量的概率本性并不神秘，它源自放大器这一量子世界通向经典世界的桥梁。[11] 放大器的一个简单原型可比作山顶浅坑中的保龄球。[12] 这个球是一个力敏器件，一旦被沿某个方向的力碰出凹坑，就会沿该方向加速滚下山去，直到到达山底。凹坑越浅，球对外力就越敏感。推到极限情形，凹坑完全消失，于是球就变得对外力无限敏感，任意小的力，包括像原子衰变时反冲的量子力，都能测得。这种高度理想化的量子力学问题很容易处理，无须非确定论公设即可由原子加探测器一揽子解决。我们发现，球到达山底的过程是一个经典过程，可以用它到达半山腰时的物理量按照牛顿定律来预言。这种情形与原子衰变有关联，但到达的瞬间是不确定的，之所以如此是因为整个"到达"的概念是突现的。薛定谔的猫的死也是这种情形，两者可做绝妙的类比。

量子放大器所运用原理的突现性质使得放大器有了确定的普适性质，特别是它的易报错倾向。球在山上只是近似牛顿型的，就是说，只要你耐心等上足够长时间，那么不论处于山顶什么位置，它都将自行滚落下来。这可以比拟为如下的著名的量子力学问题：计算一支铅笔能够用笔尖直立保持平衡的时间。答案是大约5秒钟。如果真正用铅笔来做这个实验，时间肯定达不到这个值，因为环境中少不了热扰动和风，5秒钟是理论极限值。而在非常一般的情形下，更为灵敏的放大器将产生更多的量子噪声（出错的技术用语），并且在灵敏度和噪声之间存在一种基本关系式。这种性质就是通常所谓的海森伯不确定性疑难，它相当于用笔尖直立的铅笔。

放大器产生的不确定性与新闻机构在没有新闻时发布的空洞无

物的废话一个样。政治上的事情少有"真的",除非事情受到广泛关注,于是新闻媒体便经常将小事放大,以假乱真。如果报道的事情已经不小,如军队调动或贴现率下调,则媒体会忠实于原意。但如果事情不大,譬如国库拨款修正案或无意间说出的带有煽动性的口误,那么媒体就会连篇累牍地极尽放大之能事,在这个意义上,新闻已变得不确定了。这种做法的极致就是没事找事,媒体记者们自个儿互相采访,你登我的,我登你的,如此这般来哄骗观众和读者。新闻界称这种时候叫淡日子,在物理上这就是量子噪声。

然而,出自量子力学的传统物理学实在的突现性要比新闻带来的政治结构的突现性更难把握,因为它的起点非同一般。量子力学性质的物质是由虚无的波组成的。这是一个很不好理解的概念,我们传统教育中为使学生便于掌握,总是先解释波粒二象性 —— 就是说粒子是牛顿型的,但它有时候会表现出干涉、衍射等波的特征。其实这不对,这种教法只是不使学生思路太过混乱。事实上,本不存在所谓的二象性。在量子力学里,用位置和速度来刻画一个物体的牛顿概念是不正确的,它们必须代之以波函数概念,一种空气压强的微弱变化引起声波传播的抽象模型。这不可避免地会产生什么是波的问题 —— 这是一个用普通词语来描述超常事物从而引起麻烦的绝妙事例。在习惯用法上,波就是像海面上发生的或体育迷掀起的那种集体运动。[13] 脱开介质来谈传统意义上的波的存在性毫无意义。但物理学一直保持着对不可观察事物和不存在事物不加区分的传统。因此即使光表现得像某种物质波 —— 早期电磁理论里的以太 —— 也不会有直接证据表明存在这种物质,因此我们干脆宣称它不存在。出于类似的理由,我们认为量子力学波传播时也无须存在介质运动。但这是一个比光更复杂难解的问题，因为量子波是物质波，并且具有与实物振动根本不同的可测量量。它们是另类物质，我们可用克里斯蒂娜·罗塞蒂[1]的诗来类比：[14]

> 有谁见过风？
> 你我都没有。
> 但见树梢低下头，
> 风已忽吹过。

遗憾的是，量子力学的这种超凡脱俗的性质却成了醉心于对它进行更加超脱"解释"者的方便的理由，说这是只见树木不见森林。[15] 这些论证的令人费解的本性可能令在校学生着迷，却令我们这些人愤怒，因为他们的最终目的是要用量子力学产生的突现行为来描述量子力学。换句话说，他们代表的是一种失败的世界观。人们总是善意地对待这种观点，但忽视了这种卑劣手段的诱惑力有时是难以抗拒的。

我们这个年龄的人得到的教训之一是，错觉往往会在原本不存在问题的地方引起是非，因为它能带来好心情，共同的经历会引起共同的感受。如果笑话制造者要强烈否定某种基本事实，那么笑话就会使之更加奏效。还是在我读研究生的时候，我曾与其他几个学生合住在一个单元，有人毕业，有人找到了工作，新人进旧人出，因此单元里常有新面孔。有段时间住进了一个来自喀麦隆的学工程的热心小伙子，他给大家的印象颇为深刻。他操着一口带法语口音的英语，还有一个 57

---

1. Christina Rossetti (1830 — 1894)，英国女诗人，以写宗教诗闻名，其中一些被用作赞美诗。——译者注

有趣的家庭，其中有他外甥，一个迪卡牌录音产品的形象代言人。一次，这位外甥及其伙伴从巴黎过来，要在这儿小住一段时间，由此我得以听到他的演唱。我并不喜欢他的演唱风格，那是一种法式迪斯科，长时间的"喊喳喊喳"之后休止许久，跟着是一声长嚎"咳——"，接着又是"喊喳喊喳"。他还带来了许多礼品，包括食物，于是住所被弄得到处是蟑螂。这小东西清除起来可不易，我们曾向房东强烈抱怨过，也曾自己动手打扫过几次，但它们从这个门窜到那个门，时间一长就又都回来了。我不知道它们躲在何处，吃什么为生，但显然它们过得滋润，晚上灯一关就能听到它们在厨房里开派对的声音，甚至在大白天，你都能见着它们待在像纸板背后、灶顶或餐具抽屉的刀叉下面等阴暗角落里。通常我们只好在饭前将所有餐具再洗上一遍，将吃剩的食物装进餐盒里放入冰箱。因此你可以想象这段日子里，当我从实验室回到住处，打开橱门要拿点黄油，却看见兔子般大小的动物干尸，会是什么感受！我把同学叫进厨房，问他怎么回事："拜托，你不能把兔子藏到这里吧？"他不解地看着我，然后释然地笑了："哦哦哦，没事儿，那不是兔子。"

第 6 章
量子计算机

> 我们的时代是一个以机器思考为自豪而对人类思考不
> 放心的时代。
>
> ——H. 芒福德·琼斯[1]

　　一天早晨，在开车去上班的路上，我从广播里听到了一个非常迷 59
人的说法：女人对计算机的理解要比男人到位。[1] 主持人只是间接暗
示了这一点并谨慎地解释了这在政治上的正确性，但她的观点还是表
白得很清楚。在她解释了她的立场之后，我明白她或许是对的。她说
男人总喜欢对计算机做些小修小补：拆开，加条内存，插个外围设备，
不一而足；而女人则主要集中于更重要的事情上：为婚礼晚会分发成
百的电子邀请邮件。这和我自己对这些事情的体验完全吻合。当我们
家的车抛锚时我总是热衷于搞清楚哪儿出了毛病，我妻子就简单得多，
花笔钱让人来处理，自己直接去了电影院。女人似乎直觉上就比男人
更清楚，一件事如何去做其实远没有谁去做来得重要。

---

1. H.Mumford Jones（1892 — 1980），美国作家，文学批评家，哈佛大学英语教授。1965年以作品
《奇怪的新世界：美国文化 —— 性格形成时期》荣获普利策（非文学类）奖。作品还有 *Belief and
Disbelief in American Literature*（1967）和 *The Age of Energy*（1971）等。—— 译者注

计算机的计算是建立在无数级塔状功能链上的

60　　　在日常生活涉及的技术方面，计算机是一个特别能说明问题的例子，谁都知道它们是呈等级序列的。在最高层次上，它们被用来存储和处理邮件，起草更为正式的书面信函，并容许你在网上进行拍卖交易。（目前网上平台的实用性还不是很强，也就是些乏味的视频游戏、秘密的色情内容下载以及享有版权的歌曲和电影等，这些东西纯属消磨时间，可以不考虑。）低一层次的是那种带处理器、主板、扩展槽（上面插的可都是些极品功能卡，像VooDoo显卡或Rager显卡等[1]）的

1. VooDoo显卡指3DFX公司生产的带VooDoo图形加速芯片的显卡。最早一代VooDoo显卡于1995年问世，采用子卡（3D显示）配合主卡（2D显示）使用方式，由此开始了显卡的VooDoo时代，第二代VooDoo2将图形芯片的三维技术推向了高峰，到2000年出到第5代。后3DFX公司为Nvidia并购，VooDoo显卡逐渐退出市场。Rager显卡指映泰公司推出的世界上首个可超频的超新星V-Rager显卡。——译者注

组装机器，但其性能优越，最招DIY们的喜欢。再低一层的是连着密密麻麻导线和晶体管元件的硅微芯片，而计算功能的最低层次就是电子、空穴穿行其间的硅原子有序晶格排列。[2] 你可以不用多想就将新娘送礼会的请柬悉数发出，机器的巨型塔状功能链可靠着呢，每一级都有下一级支撑并支撑着上一级。知不知道每一级如何工作并不重要，只要请柬能像纸质信件或电话邀请那样方便地发出去就行，虽然买一套设备费用上可能贵点。 61

计算机就是部机器。像其他机器如割草机和蒸汽机车一样，计算机是通过移动物质来工作的。由于移动的只是电子，因此可以以极高的速度运行，但从概念上说，这和汽车引擎里的活塞和曲轴并无二致。[3] 最后，电脑引擎的目标仍然是操纵一整套机械设备来实现诸如喷墨、话筒转动或显示像素液晶的扭曲等物理行为。计算机经常被标榜为21世纪的神奇技术，但它们实际上是19世纪的最高成就。

计算机与其他机器的关键区别在于它与外设之间调整的便捷性。这种调整处理被称作程序化，它的指令打印出来有像学期论文那样的漂亮格式，除非你咖啡喝多了，满口脏话。[4] 但外表都有欺骗性。程序编译完全不像学期论文写作，它是自动生成的，它包括各个简单部分之间的复杂机械关联的结构说明，它们依赖于函数而非工艺，就好比将机床和扳手换成了铅笔和键盘。

这种便捷性还带来了计算机制造业和汽车工业之间的一些性质上的差异。例如，由于物理芯片的制造成本远低于编程的人力成本，从而在根本上改变了工程经济学。这也就是软件会这么贵，其垄断性如此不同于钢铁、铁路和石油的垄断性的原因所在。[5] 编程过程就像 是计算机的日常工作，以至于人们在心中将这两者混同于思维的超级 抽象活动。在计算机世界里，人们寓娱乐于工作，寓工作于娱乐，两 者变得难以区分，经营活动理念有了根本改变。正如大多数人所体会 的那样，计算活动在经过经济活动复杂层面的作用后，已与机器本身 的基础相分离，在这个意义上，它是一种典型的突现现象。现代计算 机程序是由众多人员组成的团队共同完成的，每个人只了解整个任务 的很小一部分内容，这些程序经常需要相互嵌套来给出结果，其过程 之复杂是它们的创作者难以想象的。这种社会现象的产生正是电力应 用带来的廉价的可程序化事实的逻辑结果。

易调节性策略正在用晶体管作用彻底改变因果间的差异。我们可 以自己在思想中做个类比。如果我把手恰巧搁在了电炉上，那么电源 一开，我会很快缩回手，但如果我突然想起必须去打个电话，我也会 挪开手。移动手的复杂回路既可以由像火这样的外界刺激来驱动，也 可以由大脑皮质记忆这样的内在刺激来驱动。这两者间除了抽象的概 念差别外，效果上无甚区别。但在精神障碍者身上就会出错，因为他 分不清真假。晶体管就是一个调节器，它一旦感知到一根导线上的电 子运动，就会在另一根导线上驱动起同样大小的电子运动，不论前者 的运动是多么微弱。这种模式使得计算机内部以开或关方式工作，每 根导线处于非开即关的状态，不存在第三种状态。它还引起给定导线 对信号最初来自何处的信息控制进行检测。开或关的决定既可以基于 外部触发，也可以来自其他某个或多个晶体管，这没有本质区别。

计算机里的信号是牛顿型的，我们时常忽略了这一点，总认为它和量子力学一样神秘，这其实是个误解。计算机的神秘性源自其功能的突现性质而非微观上的精细结构。在晶体管这个层次上，计算机的工作原理是建立在绝对确定性概念基础之上的，因为只有这样才能与任意时刻的开或关——正确或错误——状态取得一致。不仅晶体管是牛顿概念，它们在整个环境中产生的输出也是牛顿型的。[6] 在此过程中它们发热，这就是为什么现代处理器芯片会烫得没法摸，而且一旦风扇坏了就会死机。产热是保证机器运行可靠性的基本条件。为了看清这一点，我们不妨回到用笔尖直立的铅笔这个著名例子上来。实际上，铅笔倒向左边而不是右边的决定一经做出就无可改变，因为它倒在桌子上时将以放热形式耗散掉所有能量。如果不是这样——如果碰到桌子时产生的是完全弹性碰撞——那么它会立即向右跳起并做出第二次左右选择决定，结果就有可能相反。因此，存在能量耗散和产热是做决定的基本前提，特别是在涉及最初精细平衡的情形下就更是如此，故当今的所有计算机都面临如何解决更有效地散热以提高功效的问题。（对像公司和政府组织这样的人类机构，这种分析同样适用：决定一经做出就不可逆转。）

晶体管设计中的两个小调整使得我们可以建造实际的计算机。一个与如下模式有关：在晶体管的两个端口输入信号，如果其中一个的输入为开（on），则该晶体管处于开态（on）；另一个调整是"非"操作，就是说，如果端口输入的是关（off），则该晶体管处于开态（on），反之，如果端口输入的是开（on），则该晶体管处于关态（off）。这两个设计单元被称为逻辑，它们构成全部计算机电路的概念基础。现代 64
计算机其实就是一个逻辑和时钟的巨型网络——一个按心跳般规则方式使导线处于开态或关态的小闭合回路。现代家用计算机的时钟心

跳速度非常高 —— 差不多一秒钟10亿次 —— 而且非常平稳有力。我曾有两台机子因时钟坏了而死机，但这种现象是非常罕见的。计算机更新很快，一台机子总是远没到死神来召唤就已被淘汰了。

最近人们对量子计算机兴趣大增，这是一种利用量子波函数的纠缠态来计算的全新计算机硬件，这种计算在常规计算机上是无法实现的。[7] 其中最重要的当属海量素数的生成和其他大数的因数分解，而用现有计算机在合理时间内不可能完成将一个大数分解成两个大素数这一点正是当代加密技术的基础。[8] 但是，量子计算机有一个致命弱点，就是当我们要读出结果时，区分量子计算机与常规计算机仍然会引起量子不确定性。量子力学波函数的演化的确是确定性的，但将它们转换成我们能够读懂的信号的过程会出错。出错的计算机并无大用，因此量子计算的设计问题可归结为如何克服测量出错的问题。教科书上的办法是在一个小单元里安排上100万个相同实验，然后检测它们的集体结果 —— 例如由量子计算机中电子自旋产生出振荡磁场。检测过程带来的风险只涉及几个样本，大部分应保存完好。这种设计思想之所以有吸引力，就在于它能保证我们读出量子计算机的整个波函数，至少原则上是这样。然而，这种可能性的逻辑前提是你已经制造出的不是一台全新的数字计算机，而是传统的模拟计算机 —— 一种我们当今已废弃不用的机型，因为它很容易受到噪声干扰。[9] 因此对量子计算机的狂热追捧并没有切中要害 —— 计算可靠性的物理基础是突现的、牛顿型的。人们可以想象，不用这些原理来进行的计算，就像凭着蛮力来证明对称性破缺的出现，其结果只能是根本不可能杜绝计算错误，因为它没有物理基础。认为这个问题是小事一桩的观点是还原论者的美丽谎言。自然，我希望我是错的，我也希望投资量子计算机的那些人走好运。我还希望那些急着想在下曼哈顿区[1]投资建桥的人赶紧跟我联系，一定时间内可以优惠呢。

当然，真正的量子计算机是那种完好的旧硅片。[10] 晶体管所依据的半导体原理以及传统导线与电阻之间的区别，都是建立在量子力学基础上的。这一事实在1874年费迪南德·布劳恩[2]发现半导体时不是很明显，当时他发现许多金属硫化物矿石都具有单向导电性，[11]方铅矿石尤为显著。但直到很晚以后，随着雷达的发展和晶体管的发明，人们才对这些效应的量子性质有了系统的认识，其中主要贡献应归功于传奇人物约翰·巴丁。晶态绝缘体内的所有电子都束缚在化学键上，因此其导电性能很差。具体到硅晶体，它的每个原子都有4个相邻原子，有4个电子充作共价键——按每键2个电子的一般法则，外壳层电子正好全部用完。但是，比起像石英或食盐晶体这样的良好绝缘体，硅的化学键较弱且容易断裂。电子一旦挣脱价键的束缚，就成了硅中自由移动的粒子，挣脱的地方成了空穴。半导体器件的整流和放大作用就全来自对这些自由电子和空穴的操纵，这种操纵是通过化学处理和附加导线完成的。量子力学则是这些物质中价键形成法则和自由电子及空穴移动的理论基础。

66

---

1. 下曼哈顿区是纽约最繁华的金融商业区，大型基础设施建设早已完成，作者这里用的是反讽的手法。——译者注
2. Karl Ferdinand Braun (1850 — 1918)，德国物理学家，早年就读于马尔堡大学和柏林大学，1872年获柏林大学博士学位。1874年发现硫化物晶体的单向导电性，并将之用于整流器，将交流电转换成直流电。20世纪初，他用上述发现发明了晶体二极管，导致了晶体管收音机的诞生。他还改进了阴极射线管，利用变化的电压控制电子束偏转，由此发明了示波器，其意义堪比电子三极管的发明。布劳恩最为人所称道的是他对马可尼无线电发报机的改进。他采用大功率低阻无火花闭合振荡电路产生无线电波，大大提高了发报机的功率，并且可以将发射频率调得很窄，有效减少了不同频率间的干扰，为此，他与马可尼共同荣获了1909年诺贝尔物理学奖。——译者注

电子和空穴通过冷晶体时几乎不受任何阻挡。[12] 这个令人惊异的事实是晶体管工作的核心，也是为什么像橡胶和塑料这样的非晶体物质不具有这种效应的原因所在。[13] 的确，迎来硅时代的关键技术突破不是晶体管的发明，而是局域提纯技术的发明，这是一种对晶体进行全面去除化学杂质然后施以结构性掺杂的方法。电子和空穴急速通过晶格的能力并不是十分明显的，从概念上说，硅晶并不等同于大分子，因此所有电子，包括价键上的那些，必须按高度纠缠的方式来刻画。这个问题的解决在于通过突现将纠缠变成了无关紧要的问题。事实上，晶态绝缘体内的所有电子的运动并不像想象的那样是单个电子运动的随机叠加，而是一种特定的集体运动。这些让人望而生畏的基本复杂性的唯一作用就是形成加速质量，使其与自由电子的质量稍有不同，同时有效降低静电力强度。空穴的电荷显然与电子的相反，因为它代表的是电子的缺失。工程师们谈到电子和空穴实际上就是在谈这样一种复杂的集体运动，而不是在谈单个粒子。从工程角度说，这种复杂性处理起来无异于计算机发出送礼会的邀请信。人们关注的是这种集体运动的类粒子性质是否精确而且可靠。

67　　硅中的电子和空穴具有极好的量子力学性能。尽管并非完全自由，但它们纠缠得很厉害，这些对象提供了某种我们迄今能够获得的对量子力学的最精确检验。一个漂亮的例子是掺磷杂质的线光谱，加入到融硅中的磷原子在结晶时取代了晶格上的硅原子。这些磷原子的外壳层上有5个电子，其中4个与周边硅原子形成共价键，剩下的一个就成了相对自由的电子。在温度降到极低的环境下，这个电子会自己找到合适位置并束缚在那儿，就像一个电子会与一个质子结合形成氢原子。[14] 但束缚于磷杂质的电子辐射出的是红外光谱而不是可见光谱，因为这种结合放出的结合能极低，我们用通常的红外光谱仪就能探测到这种辐射。这种杂质谱线与磷原子谱线非常相似，除了特定波长位置外，其余的在物理上不可分辨，形成价键的集体性质几乎看不见。像这样结果的实验有很多，其原因在于硅片内是一个微型小世界，静电力很弱，总的电子质量又发生了变化，电子还有一个异性的孪生兄弟，它只会阻碍发光。

电子和空穴的量子性质几乎可以说确立了摩尔定律的基本极限。英特尔创始人戈登·摩尔提出过一条著名定律：单位面积硅片上的晶体管数目每18个月翻一番。[15] 计算机的基本原理是如此简单，但它的发展却一直让我们吃惊，摩尔定律即是主要理由之一。回顾计算机时代的起始阶段，当时人们发现，如果将晶体管和导线做小，便可以在硅片上安排更多的线路，于是开始了集成度越来越高的竞赛，直到今天。如今，芯片制造业正在攻坚产热难题，印制电路板的大小限制问题空前复杂，但几乎每个人都坚信，这些困难是能够及时克服的，[68] 摩尔定律的量子极限还没到来。然而，在未来10年左右的时间里，晶体管将小到成为量子器件——因此必将开始出错。当这一天到来时，它将标志着一个辉煌时代的结束，在这个时代里，不起眼的物理发现带来了经济的持续增长并改变了世界。

计算机时代里一个更值得玩味的趋势是物理学科的学生越来越不愿意或不会编写计算机程序。当我第一次看到这种情形时，我非常沮丧，于是我在我们系里开展严格训练来纠正这一点，这令学生十分懊恼，因为我自己很擅长编程，并且认为这是每一个有自尊的技术人员应当知道的事。但最后我意识到，学生是对的，我错了，于是中止了这场运动。计算机编程是我们生活中诸事之一，就像自己修车，非常过瘾有趣而且实用 —— 但就是太耗时。实际上，眼下大多数文化人已不再费事地给自己的计算机设计运行模式，甚至都不再学着了解它是如何工作的了。会省时的花俩小钱买本程序集照着输入，更极端的，干脆在网上搜免费软件。

在20世纪70年代初，当我还是个研究生的时候，国家经济正处于转折期。学生劳动力很便宜，而计算机却贵得要死，偌大个主机要占去大学计算机中心的整个一层楼。它们是十分娇贵的宠儿，得有几拨人24小时轮番伺候，得有专门的空调，还得有备用电源。我们晚上趴在大灰熊般大小的灰不溜秋的金属机器上给这个庞然大物写程序。有台机器的电机转起来一直嗡嗡作响，直到有人敲了一键为止，这时它哆嗦一下，"啪嗒"一声，在卡上打出一个新孔。当某人在卡上操作完毕，他就该摁馈送键了，于是机器"咯哧咯喳"将卡转到逐渐堆积的存储器底部，再喂上一张新的空卡。我们写的程序就是通过这种方式由一摞摞打了孔的卡来实现的。运行一个程序包括将卡盘交给值班员，他会将它送入读卡机，那是台看上去如同用汽油驱动的木制飞机、声音响得好比扇片上卡着树叶的吸尘器在工作的机器。打印机整天发出变了调的金属声，一叠计算机白纸喂进去，不久便被狂怒地掷出，就好像发疯似的。每隔一会儿，值班员就会过来检查并处理输出结果，这得打开隔音罩，于是难以忍受的噪声立刻充满了整个屋子。值班员会撕下结果并把它放入盒以便学生来取。这种结果大都是些不完善的、读起来莫名其妙的运行系统指令，人们需要的计算结果则在最后一页 —— 如果程序有错，这时你拿到的不是一张白纸就是一堆乱七八糟的乱码，到底是什么得看你错的程度了。所有这些都是程序不完整的代价。我记得我的一个学生在呈交卡盘时紧张得手都在抖。想想那是什么日子！

那些日子里最有名的一个关于纸带的故事，是说某人把一套巨大的流体力学模拟程序落在盒子里了，结果造成卡片飞得到处都是。很快就有人将这个程序命名为"尼克松"[1]，因为很显然它不会再运转了。但有幸的是它又工作了，并成为经典程序LASNEX的核心，这一程序是目前激光聚变模拟的得力工具。[16]

就其实质而言，我们对于在计算机技能方面存在性别歧视的笑话由此有了更重要的见解，我们将计算机的存在性、可靠性和实用性归结为组织原理——包括经济学原理。女人比男人有更充裕的时间来理解组织的至高无上性质这一点并不新鲜，早在古代人们就知道这一点，而且在许多地方都有记载，如《易经》上就有。[17] 按照道家哲学，宇宙是由对立的双方——阴和阳——之间永无休止的相生相克来推动的。阳代表着男性、太阳、热、光、支配力量等；阴则代表着女性、月亮、材料形式、冷、服从等。阳谓之山之南，代表创造；阴谓之山之北，代表完成所创造之物。可以说我们正处在一个阴占主导地位的时代，即使阳将计算机带到世界上，它们也只有在阴的主宰下才能发挥出全部潜力。西方对此有种更直接的说法：计算机在最初酝酿（怀胎）时是只狗，可出来以后却成了猫。人们从商场里抱回家的

1. Richard Milhous Nixon (1913—1994)，1969—1974年为美国第37任总统。1972年2月首次访华，成为访问中国的第一位美国总统。1973年1月宣布结束打了12年之久的越南战争，1974年8月因"水门事件"被迫辞去总统职务，是美国有史以来第一个辞职的总统。退出政坛后，于70年代末和80年代先后出版了《尼克松回忆录》《真正的战争》《领袖们》《别再有越南》和《1999：不战而胜》《超越和平》等著作。1994年4月因病去世，享年81岁。文中意指尼克松因"水门事件"下台后不会再重返政坛了。——译者注

机器是聪明的、自助的、碍手碍脚的，而且总在盘算如何让你为它做点什么。但当你切断机器的自主联系，剥去它的尖端性，让它的电线、晶体管和程序都暴露在外，你会发现它非常顺从、绝对忠诚、直率而且简单 —— 即一条狗。

第7章
冯·克利青

> 如果科学推理仅限于算术逻辑过程，那么我们在理解
> 物理世界的道路上将不能行之太远。人类的愿望是要利用
> 概率论数学完全把握牌局。
>
> ——万尼瓦尔·布什

在夏日午后的微风吹拂下躺在游船上顺流而下，这时要保持职 71
业思考很困难。科学家们总是在抱怨起草建议书、做技术论证报告
然后颠来跑去予以实施所带来的痛苦。但这些抱怨并不真诚，此时
就暴露出其虚假的一面。我们大多数人都乐意为赚点外快去搭上精
力，人前抱怨不过是不想让人知道我们的实际生活有多惬意。眼下，
惯常的交换已被抛至九霄云外，只有温暖的阳光和两岸远去的田野
牧场令人遐想。科学是一项艰苦的工作，总得有人去做。

我是作为斯图加特普朗克研究所[1]校友会的客人泛舟内卡河的，
他们租了条船作为献给传奇人物克劳斯·冯·克利青的六十大寿的
礼物。来宾都是些十分友好的朋友，其中很多人早在20世纪80年
代初我第一次撰写有关冯·克利青效应的理论文章时我们就相识。
大多数人是当地的，但有一些和我一样来自国外。正像半导体物理 72

学家协会所预料的那样，在不同国籍的人聚会时，日本人和美国人显得特别突出，当然以色列人和俄罗斯人也不逊色，人数少一点的要属英国人、巴西人和墨西哥人了。每个人都怀着回顾、纪念克劳斯的贡献的共同想法来到这里，他是一位世界公民，一位我们现在该称为"旧欧洲"大陆的居民。[2]

克劳斯永远是那么神采奕奕、青春不老，顺流而下时，他没有注意到即将带给他的真正惊喜——他的这些朋友在悬崖边的陡坡地上为他租的一片小葡萄园。他正高兴地聊着，船已经拐过了礁石，然后便停了下来，映入他眼帘的是山坡上巨大的他的名字符号。这是两个学生花了一上午时间开车在草坪上轧出来的，此刻他们看到船上的人已经注意到他们的杰作，于是便招手示意。克劳斯立刻明白了一切，他变得很兴奋，但还是迟了点——大家已经打开一瓶瓶香槟，生日祝贺达到了一个高潮，弄得船都摇晃起来。克劳斯激动得说不出话来。船停在葡萄园前，大家一起拍照，宣颂贺词，也包括庄重承诺今天榨汁用的可都是上等葡萄。分发给大家的这种自制瓶装葡萄汁的包装上印着"冯·克利青"的标签。

当船驶向上游，刚才的惊喜还挂在嘴边呢，另一个惊喜已悄然降临。船在古老的小镇贝西希海姆停靠下来，这里准备了一个别致的欢迎仪式，乐队来自一所模范中学，三位司仪身着18世纪礼服，其中一位显然是领队，头戴3英尺高的宽边高筒礼帽，端着一杯硕大的葡萄酒。他向一船客人表示隆重邀请他们进入小镇，然后引领着他们穿过鹅卵石铺就的街道来到宴会大厅，这里已备下盛宴。学生见着这种任取管够的自助餐简直高兴坏了，显然主办者早就考虑到这一点。吃饱喝足之后，客人们又被领着参观小镇四围的中世纪城墙和护城河，水波粼粼，已汩汩流淌了几个世纪。最后，一行人等回到船上，在夕阳的余晖下唱着歌、品着葡萄酒踏上了回家的路。这趟旅行，如若不论其他，可谓是一次口福之旅。

这些为克劳斯举行的奢华的祝寿活动反映了人们对他的无比景仰之情。这种热情已被认可为一种地方现象。例如，1983年，在克劳斯被宣布为诺贝尔获奖者的当天，德国中断了白天的正常电视节目来插播并连续滚动播出这一新闻，这在美国简直不可思议。冯·克利青是第二次世界大战以来第4位获得诺贝尔物理学奖的德国人。自20世纪初德国人率先创立现代物理学以来，获得诺贝尔物理学奖在德国已成为非常敏感的议题。[3] 当然，冯·克利青在世界其他地方也受到了热情隆重的款待，特别是在亚洲，他差不多总是在全球各地巡回出席各种荣誉性演讲和报告会。

使他获得这一殊荣的贡献是他发现了以前不曾发现过的一种现象 —— 这一令人吃惊的发现提醒人们：人类对世界的理解是多么有限，我们的偏见成不了法则，量子物理学有魔法或至少经常看上去如此。[4] 1980年，冯·克利青在格勒诺布尔（Grenoble）的强磁场实验室有了这一发现，他运用当时最先进的电子元器件进行了有趣但很常规的实验。这些元器件的容许误差甚至要比当今微电路工业生产中的标准还要小，且处于超低温环境下工作。其目的是要凸现出一种新的效应，这种效应在下一代电子学中将获得重要运用。在此之前，人们在很宽的磁场强度范围内对这些器件进行测量时发现，数据与预期的不一致，总是反常的。面对这些数据，冯·克利青开

74 始考虑一种新的效应。也许是出于好奇心，或是职业敏感，或只是受到某种启发，总之他决心要搞清楚在精确标定的实验中这种反常的稳定性究竟如何。结果，令他吃惊的是，他发现，即使测量精度提高到百万分之一以上，而且不论磁场强度如何变化，这种效应总是日复一日地重复出现。目前，样本质量的提高和低温技术的进展使得这种效应已经可以在百亿分之一的精度上被观察到，这个精度相当于可以一个不落地数清楚地球上每一个人。这一出乎预料的发现使冯·克利青在科学界的国际知名度迅速提高，而且自此以后一直长盛不衰。

测量本身很简单——一旦你知道要找什么的话——而且已在世界上成百上千个实验室中得到了重复结果，因此我们确信这是正确的。当我们在有电流通过的导线附近设置一磁场时，在与电流方向相垂直的方向上会产生一个电压降。之所以会存在这种情形是因为在导体中运动的电子受到磁场的作用后会出现偏转，就如同电子在自由空间受到磁场的作用一样。于是电子在导线的一侧富集，直到产生的静电场力的排斥作用与磁力偏转作用达到平衡为止。这种效应叫霍尔效应，以纪念1879年最先发现这种效应的物理学家爱德温·霍尔。通常我们将这个电压除以流过导线的电流计算成一种电阻。常温下霍尔电阻量度导线中的电子密度，因此在半导体技术领域非常重要，半导体就是基于这种密度来工作的。但在非常低的温度下，这种效应会受到量子力学效应的干扰。霍尔电阻关于密度的函数曲线不再像室温环境下测得的那样是直线，而是一条振荡上升的曲线。在冯·克利青研究的特定半导体情形下——计算机芯片工75 作就是基于这种场效应电阻——这些振荡曲线随着温度降低演化为一种每一级台阶均极为平坦的阶梯状。台阶的高度即为普适的霍尔电阻的量子化值。

有了这种普适性之后，冯·克利青很快意识到霍尔电阻的这种量子化值一定可以定义为基本物理常量——不可分的电子电荷 e 量子、普朗克常量 h 和光速 c——的某种组合，所有这些常量在我们看来都是宇宙大厦的基本砖块。[5] 从这个事实明显可推断出，你不用直接与这些砖块打交道就可以以极高的精度测得它们的值。对大多数物理学家来说，这个事实真是极其重要又让人感到极不舒服的。在他们研究这些常量之前，他们越想越觉得它难以置信，甚至疑心是不是漏掉了什么东西。但事实明摆在那儿，实验不仅充分、自洽，而且无懈可击。不仅如此，随着温度的降低和样本尺寸的加大，冯·克利青测量的精确性似乎没有极限。正因此，这种方法已被认为是对基本常数特定组合的定义。

这一发现对物理学的影响怎么估价都不过分。我清楚地记得那天我的同事崔琦（Daniel Tsui）带着冯·克利青论文来到贝尔实验室休息室时的情形。[6] 他几乎无法抑制那种兴奋，敦促在场的每一个人都来思考这种令人惊异的精度可能源自何处。没人能够解释。我们都知道，冯·克利青的样本并不完美，因此认为其结果会存在变数。在半导体处理过程中会有许多无法控制的不确定因素，如晶格的结构缺陷、随机结合的杂质、表面的无定形氧化物、光学制版留下的不规则边缘、导线焊接时在表面留下的金属焊渣，等等。在其他电测量中，这些都是已知的影响因素，鉴于它们对微电路工艺具有重要意义，因此被相当仔细地研究过。但这种预期被证明是错的。经过随后的理论研 76

究，包括我自己的一些工作，现在我们明白，不完善具有的是相反的效应，即造成测量的完美——这样一种戏剧性的结果简直可以成为最优秀的古希腊戏剧的脚本。[7] 事实上，量子霍尔效应是从不完善中突现出完善的绝好例证。这里的关键是量子化精度——即这种效应本身——在样本过小的情形下不出现。集体现象既是一种常见性质，又是当代物理科学的中心课题，因此从这个意义上说，这种效应既非不可预见也不是难以理解。冯·克利青效应的极端精确性使得这种集体性质变得不可否认，在这一点上它具有特殊的重要性。

在这期间，随着我全身心投入到理论物理，逐渐熟悉了它的方法及其历史流向，我已经深刻领悟到，冯·克利青的发现称得上是一个划时代的事件，一个使物理科学由还原论时代坚定地步入突现论时代的决定性事件。科普读物上通常把这种变迁描述成物理时代向生物时代的转移，但这并不准确。我们看到的是世界观的转变，人们对自然的理解已经从无休止的细分转移到自然是如何组织的目标上。

如果说量子霍尔效应开启了突现论时代的大幕，那么分数量子霍尔效应的发现则是它的首场演出。[8] 揭示这种分数效应的实验安排与原初的冯·克利青实验完全相同，但意义不同。虽然量子霍尔效应的极端可重复性过去不曾被预料到，但其不完整行为从未出现过。应当说，冯·克利青对这个问题的兴趣主要是受到现东京技术研究所物理学教授安藤恒易（Tsuneya Ando）的一篇理论文章的激发，这篇文章里的曲线与后来从实验中得到的曲线非常相似。[9] 相反，分数效应则并非出自任何理论预言，也不与此前的现象在性质上有任何相似。崔琦和霍斯特·施特默（Horst Störmer）是在一天晚上寻找电子结晶的证据时偶然发现这一效应的。当时主流理论都认为应当存在这种电子结晶现象，但崔琦他们却在磁场很强的条件下发现了冯·克利青效应的一个微型版本，[1]其表观霍尔电阻的最小容许值恰为原值的1/3，这在以前是不可想象的。冯·克利青总是说他真该为没能发现分数效应而惩罚自己，但这对他是不公平的，因为这恰恰是一个样本质量问题。(样本缺陷无损于量子化精确性，但不幸的是，这些缺陷使分数效应完全被消去。)很多重大发现常常取决于些许的技术优势。崔琦、霍斯特和我因为分数量子霍尔效应而分享了1998年的诺贝尔物理学奖——他们发现了它，而我则第一个给出了它的数学描述。[10]我原先不认为这个发现具有革命性的时代意义，因为我干的这一行里各种让人惊异的量子力学事情都需要用全新的数学来描述，但经过这么些年，现在我的看法已经变了。这种效应的极端完美性是一种与其前辈原初量子霍尔效应表现出的那种完美性完全不同的概念。

分数量子霍尔效应反映的是，表观的不可分量子——在此情形下就是电子电荷e——可以通过相的自组织机制剖成碎片。换句话说，基本物理常数不必是基本的。其实，原则上能够出现这种分数化在几十年前就为人所知，甚至有实验论证携带分数电荷的特定物质可能是被称为多炔的有机导体能够导电的原因。[11]然而，当时所有那些论证都有缺陷。论证这种分数电荷效应的理论模型无一不[78]是一维的，因此不可能在实验室得到实现。有机导体曾一度是化学

---

1. 低温条件可能也是一个重要因素。冯·克利青是在4 K环境(Si基半导体)下发现整数霍尔效应的，而崔琦和施特默则是在25 mK(GaAs异质结)的条件下观察到分数量子霍尔效应的。但最新进展显示，量子霍尔效应可以在高得多的室温(33 K)下取得(石墨基)，见K. S. Novoselov et al., *Science* 315, 1379 (2007)。——译者注

中令人头痛的问题，它使得很多实验特性无法重复。过去人们总是通过说明实验是在不出现分数电荷的情形下进行的来逃避分数化问题 —— 有些事总是这样，当作突现现象来看就是对的，但人们常常是只见树木不见森林。分数量子霍尔效应的发现以其确凿的证据彻底终止了人们的这种糊涂认识。确凿的事情不可能由近似的理论来解释。对分数量子霍尔台阶的精确观察证明了存在一种新的物质相，其中的基本激发态 —— 粒子 —— 携带的正是分数电荷。崔琦和霍斯特首先发现的激发态带电 $e/3$，这让人不免想起夸克的带电量也是 $e/3$，夸克是质子和中子的基本组分。自那以后，许许多多这类的相被发现，每一种都可用不同的小分母分数来刻画。[12]

　　人一旦在声名上达到了某种高度，就变得很难认真考虑他以前不熟悉的一些事情。[1]在泛舟内卡河之前，曾有一个为祝贺冯·克利青寿辰举办的研讨会，我的一份吃力不讨好的任务就是要在会上做一个专题性演讲。由于我在半导体行当涉世未深，考虑问题比一个毛头小伙强不了多少，于是不免陷于出丑的境地。当时我决定在最后谈一下突现物理定律 —— 冯·克利青的发现算得上是其中的一个方面 —— 并借此机会送给克劳斯一株树苗作为礼物。实际上我带了两株，打算一株栽在他居室边，一株栽在研究所的院里，表示一个人历经多年职业生涯之后有了接班人。我在致词中解释说，这两株都是红杉树，一种生命力最顽强的树，原产于我出生的地方。当我还是个孩子时我就在这种树林中嬉戏，我那时不明白，直到离开家之后才知道它们是多么不寻常。它们很难用普通的语言来描述，它

1. 冯·克利青出生于1943年，他的六十寿辰是在2003年，此时作者已荣获诺贝尔奖，故有此说。——译者注

们不只是生物分类学里陈述的植物。上次我访问康斯坦斯湖的迈瑙岛时就发现了三株茁壮成长的这种树，[13] 它们在当地的气候条件下长得非常好。这种印象在圣克鲁斯山，从我买这些树苗的当地苗圃里干活的人那里得到了肯定，他们说很多人都带着它们上飞机，特别是德国人和以色列人对它们最感兴趣。我这么向听众解释，是要使大家相信，我带来的这些树苗的不平凡处正在于它系出原产地 80

它们在当地的气候条件下长得非常好

的纯种品质。我知道冯·克利青坐飞机总是尽可能坐经济舱，因此他完全明白带着不足一英尺高的旅行箱在狭窄的机舱捱了10小时飞越北极意味着什么。我接着说，到我们全都行将就木之时，这些树都将长成参天巨树。那时我们的孩子也老了，他们会感到奇怪——这些树长得不是地方。到70代子孙之后——这个时间差不多就是恺撒大帝到我们现在——它们将比周围的所有建筑都高。这不需要理由，只要适当看护，它们就永远不会枯萎。

冯·克利青的发现里隐含着一个重要命题，它不是指物理定律的存在性，而是指物理定律是什么、出自何处及其含义是什么的问题。从还原论的观点看，物理定律就是宇宙的驱动力，它不是来自某个地方，而是处处存在。但从突现论的观点看，物理定律就是集体行为的法则，是更为基本的行为法则的必然结果（虽然这一点并非必要），它使我们对有限环境下的情形有一定的预言能力。在此范围之外，它失去作用，让位给另一些法则，后者在等级链上也许是其子代，也许是其前辈。这两种观点谈不上谁更占优势，它们都有事实基础，而且在传统的科学意义上都是正确的。更敏感的问题是习惯势力的评价。按照乔治·奥威尔的说法，所有事实都是平等的，但某些事实会比其他的更平等。[1]

---

1. George Orwell (1903 — 1950)，真名埃里克·亚瑟·布莱尔（Eric Arthur Blair），英国小说家，乔治·奥威尔是他发表作品时用的笔名。作品以政治寓言小说《动物农庄》和《一九八四》最为著名，两部作品均刻画了普通人没有丝毫权力、完全受制于政府的集权政治制度。以后人们便将现实生活中的集权统治称为Orwellian（奥威尔式的）。——译者注

第8章
我在晚宴上解决了它

> 大自然的秘密要比我们感觉和理解所掌握的多上许多倍。
>
> —— 弗朗西斯·培根爵士

　　鲍勃·施里弗[1]，超导理论的诺贝尔物理学奖得主，曾说起过这 [81]
样一个故事。他的博士论文导师约翰·巴丁的第一个诺贝尔物理学
奖是作为晶体管发明人而荣获的，在他1956年12月前往斯德哥尔
摩领奖之际，当今著名的超导理论的一些核心概念已在他心中孕育
成熟。在那种时刻让他离开简直要使他发疯，但他别无选择，还是
去了。当他一月份回来后，便和鲍勃开始夜以继日地锻造这个理论
的细节，特别是找到了从实验上检验它的方法。在他们工作的这段
关键时期，巴丁夫人安排了一次晚宴。她邀请了一位瑞典客人，毫
无疑问，约翰大方地招待了他。约翰平时的话很少，而且回答简单
问题时也是支支吾吾，这在圈内是出了名的 —— 大家都知道他哪怕
是对"How are you？"也会想上半天，估摸着各种答案的全部意义。[82]
这还不是他满脑子考虑一个全新理论时的情形。因此，晚宴开始后，
约翰几乎没说什么话。他只是极简洁地回答了几个问题，问的也全

---

1. 即Robert Schrieffer，1972年与巴丁、库珀一起因提出超导理论而荣获诺贝尔物理学奖。—— 译
者注

是与己无关的问题，表现得对夫人和客人都不怎么热情，整个一块不可救药的木头。巴丁夫人一个人对付着，总算结束了这顿晚宴，送走了客人，开始洗涮时，约翰溜了进来，脸上挂着奇怪的微笑，漫不经心地咕哝道："我解决了热容问题。"当问他到底在跟谁说话时，他说："我在晚宴上解决了它。"

　　这个故事总能够在我这行当的人中博得会心一笑，因为我们都记得热容公式是在学生时代就学过的知识，而且都明白，约翰·巴丁活着时，至少在某种范围内称得上是最伟大的理论物理学家。[1] 他不落俗套的处世方式使得这一切变得更加令人称奇。巴丁从没有阿尔伯特·爱因斯坦那样的偶像般地位，也没有罗伯特·奥本海默的原子弹之父那般声望，或沃尔夫冈·泡利那般绝顶聪明的才智。他给人的印象就是个典型的中西部人¹，但恰恰是他，不声不响地成为历史上在同一领域内两次荣获诺贝尔奖的人 —— 第一次是因发明晶体管，第二次是提出了超导理论。[2] 20世纪60年代即开始学术生涯的同事们曾告诉我，约翰实际上提出了固态理论的现行原则。[3] 他在贝尔实验室从事晶体管工作时就为这一理论定了调，那时他不辞辛苦地钻研实验数据，一遍又一遍地琢磨实验事实，试图用简单明了的理论来说明其意义。当他在最初尝试研制场效应晶体管（一种当代微电路赖以存在的基础元件）的努力失败后，他把精力集中到对其机理的研究上。约翰正确地断定，问题出在表面态上，在固体表面存在一种使化学键破缺的作用，他让沃尔特·布拉顿（Walter Brattain）赶紧用其他方法处理。结果得到了点接触晶体管，并于1947年公布。[4] 这是迈

1. 美国中西部主要是农耕地区，因此在美国人心目中，中西部人就是那些穿着工装裤、驾着小货车、抱有传统观念的守旧的人。——译者注

向微芯片时代的最初的一步。若干年后，仙童半导体公司（Fairchild Semiconductor）利用化学方法克服了这一表面态问题，并最终迎来了微电子时代。[5] 不管怎么说，原型晶体管的发明为我们确立了这一行当的准则，今天它仍然使得我们大部分人认为，科学上的最高成就，就是把实验事实有效地化解成能够导致实用发明的基本要素。这种态度直接源自约翰·巴丁。

　　巴丁曾认为他的第二个诺贝尔奖应间接归功于他在贝尔实验室的导师威廉·肖克利以及布拉顿，他们三人因发明晶体管而荣获诺贝尔奖。肖克利以性格乖僻而著称。例如，有报道说，当被问及他是否向以科学家和其他著名人物为目标的精子银行捐精时，他回答："那当然，我捐。"就好像回绝是一种对人性的伤害。而更典型的是，他将此事看成一个笑话一笑了之。他还有一个著名论调，就是认为科学家（以区别于工程师）都是半瓶子醋，因此他瞧不上他们。他的这种冷酷而狭隘的心理后来竟发展成一种著名的种族歧视和优生理论。[6] 显然，他是被实际上是物理学家而非他这个工程师发明了晶体管这一事实激怒了。他采取步骤不断搅和，使得这项发明的功劳归属变得扑朔迷离，并使得发明者生活处境悲惨。实际制作出第一个晶体管的巴丁拒绝和他合作，并因此离开了贝尔实验室。约翰移居到伊利诺伊大学，在那儿度过了此后的学术生涯，也正是在那儿，他和库珀、施里弗一起解决了超导问题。

　　约翰·巴丁的科学地位是如此崇高，以至于我们大多数人很难将他想象成一位带有人类弱点的激进思想家。最近我从道格·斯卡拉皮诺（Doug Scalapino，当年研究超导时巴丁身边的助手之一）那里听

到一个关于巴丁的有趣的故事。那是超导理论已广为接受很久之后的
一天，两人在圣巴巴拉打高尔夫球时谈到了科学政策的问题。约翰当
时正为他最近工作的市场化前景感到苦恼，他摊开手说："你知道，道
格，我接触不到那些权势人物。"道格温和地回答道："约翰，你不就
是权势人物吗？"[7]

　　在晶体管之后，超导电性无疑正是人们积极寻求突破的下一个难
关。超导体的潜在应用价值与半导体的应用价值迥然不同，但两者的
核心问题都是要解决为什么有些东西能传导电子而另一些则不能。在
导体内，有些部分可以自由移动，而有些则锁定在固定位置上——
就像翻盖手机内部附带的微型松配合螺丝，其作用就是使得手机合盖
时两面不会发生硬碰撞。在半导体情形中，这种"松配合螺丝"可被
认为由热运动引起，因为当我们将半导体冷却到低温时这种现象就消
失了。而在金属情形中，除非低到绝对零度，否则这种效应会始终存
在，因此本质上这是一种量子力学效应。其实这种"松配合螺丝"在很
多情形中都存在。典型的如个人计算机和电子表中的半导体，其中每
一万个原子就有一个是这种情形（即一个电子或空穴）。而在金属中，
则每个原子都存在这种情形。这些东西来自何处，是什么使它们能够
挣脱化学键，为什么甚至在极低温度下它们仍能够保持机动性，这些
都是很深奥的问题。将这些问题集中到一点，那就是超导电性。

　　超导体问题很难解决，部分原因在于它要求人们更新根深蒂固的
旧的科学认识——将金属材料视为自由电子之海。在量子力学早期，
人们发现，真金属的许多性质都可以用其内部电子之间不存在静电力
的假说来解释，至于为什么如此则不清楚。假说中的这些高度理想化

电子的性质极其简单，有一块手帕大小的地方就可以计算出来，而且 85
其结果与实验符合得相当好。这个事实在工程上非常有用，它使得我
们能够精确预料在新条件下该用什么金属材料，它还暗示着材料就应
当有这种性质，而这恰恰是一个根本性的错误观念。事实上，电子间
的作用力非常大，它们与实验结果无关才让人感到惊奇。金属行为是
一种突现的组织现象，电子海之所以讲得通，正是因为存在金属相而
不是相反。

　　巴丁、库珀和施里弗机智地将超导态看成是比电子海更低一层次
的物质态，从而绕开了电子海难题。这就像美国制宪会议最后规定的，
在对外宣战这一点上，总统必须听命于国会。这一变通措施缓解了代
表们对帝国总统权力过大的担忧，也有利于宪法条款在各邦通过，但
对外宣战的实际权力还是在总统手上。[8] 超导态亦如此，事实上它是
普通金属态的前辈而不是相反。理论把这些角色弄颠倒了，它先接受
了存在电子海的概念，然后再用原子核的运动来解释低温下出现超导
电性的成因。如果原子不运动，那么就不存在超导电性。可问题是金
属中的原子总是在运动的。电子海是绝对不稳定的，就是说，如果存
在诸如此类的原子运动，那么在足够低的温度下，金属就一定会变成
超导体。可见，所谓超导态是一种表观从属态的看法实际上是一种数
学虚构。

　　理论预言的超导态的关键性质是所谓能隙的概念。能隙可由数
学来精确描述，但我们不妨用德米尔（Cecil B. DeMille）导演的影片
《十诫》中的场景来说明。摩西分开红海，海水退向两边，构成一条
悬崖壁立的通道，神力不遵循通常的流体规律，露出的地面立刻变 86

干。[9] 由此形成的通道使以色列人逃出了埃及，进入西奈沙漠，在查尔顿·赫斯顿[1]的魔杖指挥下，以色列人到达了红海的彼岸，而追赶他们的埃及士兵则尽数被淹没在合拢的海水中。在超导体中，能隙就类似于由金属样品的电所开通的通道作用，电子的常规运动被锁住。测量能隙的实验装置由两片被薄绝缘层分隔开的超导体组成 —— 典型的结构是超导体用铅薄膜，绝缘层用氧化铅。微电流可以神奇地穿越这一结构且不引起任何电压降 —— 就好像所有阻碍电子运动的障碍都消失了似的 —— 而大的常规电流则只有在端电压超过一定阈值时才能通过。这个阈值就是能隙。如果装置加热到足够高的温度，使超导电性不复存在，则这两种奇怪的现象就都消失了：电子海重新形成，小的超电流停止，只要加上电压，常规电流就立刻出现。因此，无间隙的电子海是高温下的现象，早期金属研究中，由于缺乏极低温技术而将它视为基本性质是一种错误。在《十诫》中，法老将红海当作不可逾越的障碍犯的就是类似的错误。我个人认为，这是对他砍掉科学预算的应有惩罚。

取得能隙描述关键性突破的不是巴丁，而是施里弗。鲍勃曾讲到，1957年，当时他还只是个25岁的小伙子，那年冬天他去纽约出席一个科学会议，[10] 在地铁里，他突然有了一个想法。这个情节是如此神奇，以致让人很难认为是编造的，乘过当年的地铁（如今它当然改进87 多了）的人都知道，在那种场合下，人很难会有新奇的想法，他当时的脑子一定游离于阳光下的什么地方。跳入他脑海的是一种对超导态的数学描述，它相当简单，你可以在15秒之内就把它解释清楚。当然，

1.Charlton Heston（1923 —），美国著名演员，在《十诫》（1956）中扮演摩西。——译者注

这种描述针对的不是真实的超导体，而是一种包含了超导电性实质的高度抽象的理想化客体——事实证明，这种抽象细致到足以解释关键性的实验发现。施里弗描述的现代版本可以说就是计算机游戏《模拟都市》(Sim City)。这是一款真实都市的玩具模型，它与实际都市有许多共同点，可以让你学到城市运作的一些基本原则。然而超导电性理论要比《模拟都市》严谨得多，它十分优美但也容易被窜改。这种混淆一度似乎难以克服。譬如说，当你用像激光器这样的笨重仪器进行测量时，超导体与独立电子海之间的区别不可分辨，但当你用像一对导线或一个小磁体这样的轻巧物体来检测时，超导体的表现则截然相反，就像一种超流氦。这就像从个体层面上政治多元化的绝对民主到国家层面上绝对政党统治的转换，个体的所有印记消失殆尽，代之以一种单一的共同声音。但在地铁里，鲍勃对这个问题有了一个简单的技术答案。他说他整个下午都在设法将这个想法条理化，并用了一个晚上将它写了出来——这再明白不过，真正的理论物理学实际上比工程学更像艺术，必要时需要努力去克服类似的困难。物理概念总是先于数学形式，将它以简单方程写出堪比捕捉到一首歌或一首诗。

学超导理论的学生经常会被施里弗的方程打个措手不及，因为它不像任何具体数学问题那样有解——不是那种事后编出的方程。它是概念性的而不是技术性的，与其说它试图通过数学推导来把握世界，不如说它是以尽可能简单的方式来描述自然界中出现的事物。可怜的学生要突然从逻辑思维跳跃到智力竞赛的思维，而且还是那种简单选择题都已抢答完毕最后只剩下答对即获500美元的《黑格尔的惊[88]

奇》（*Hegelian Surprises*）的场次。主持人亚历克斯·特里贝克[1]拿着
卡片流利地读着"巴丁－库珀－施里弗的超导理论"，然后要求参赛者
在铃响之前答出相应的问题。[11] 不幸的是，这个问题根本就没法给
出答案。仔细思考由施里弗概念得出的一系列事情，学生们发现，让
他们沮丧的是，真正的物理学几乎总是推定的，没有任何集体组织现
象 —— 即使是结晶和磁化这样的基本事实 —— 是演绎出来的，而且
目的也与他们以前所学的相反，不再是促使他们学习的一种技巧。超
导电性概念并不特别难掌握。要说有困难，那也只会是首次接触的时
候，看起来数学演算相当复杂，可那明显是个幌子，一经戳穿就难以
为继。从这方面看，施里弗的概念是个非常聪明的办法。他受的教育
和我们其他人一样，但他设法克服了这种训练的负面影响，使自己深
入到事物的底层。事情就是这样，那种将超导电性视为一种技术问题
的错误观念正是阻碍人们在此之前设法解决这一问题的根本原因！

　　施里弗概念的核心是放宽对粒子数的限制。这个概念可与城市
做类比。假定你切断通往曼哈顿的所有桥梁和隧道，使得没人能进出，
这也许会引起暂时的混乱，但岛上的生活迟早会再度恢复正常，因为
这个岛足够大，它具有自力更生的能力。这与拥挤的公务聚会形成鲜
明对照，后者在通往外界的大门是开着和闭着两种情形下简直是两个
世界。如果你现在把曼哈顿想象成一块金属，其中的人就是电子，施
里弗的解决办法恰如开通桥梁和隧道，使得电子数可以变化。换句话
说，由于任意区域内的电子数可以在不影响整体特性的条件下变化，
因此所有各处的电子数也容许有这样的变化，尽管事实上这个数是守

89

---

1. Alex Trebek，美国著名的节目主持人，先是主持广播和电视娱乐节目22年，而后从事电视游戏
竞赛类节目主持工作。——译者注

恒的。容许有这么一种变化是数学上用来简化传统热气体和流体描述的标准做法，但用到超导体上则是一种大胆的突破，因为超导体温度极低。在热的、人们真实生活着的曼哈顿，人数会随时变化，但在任意特定时间段，这个数字是确定的。而在施里弗的冰冷的曼哈顿，人数可能就无法确定，这个城市的量子波函数是一种无生命的、不随时间变化的且具有不同人数的各态的混合。这是一个全新的概念。在这种具有不同电子数的情形下，经典意义上的不相容事物的同时出现，使得施里弗的超导体成为薛定谔的猫那样的东西。

容许样本中电子数变化的数学处理被证明有着重要的物理内涵，虽然施里弗当时没意识到这一点，他只是试图将其同事莱昂·库珀关于电子海不稳定性的技术概念加以一般化。现在我们明白，他是很偶然地想到要用大量电子以狂野的量子溅射形式从一处转移到另一处来简短描述超导态的性质的。这种描述可以不破坏粒子数守恒，所获结果亦严谨，却失之清晰，甚至让人不得要领。像晶化一样，超导电性是一种电子数非常少因而无法界定的组织现象。对小样本情形下的施里弗近似的失败可以有一个简单的物理解释：超导电性不可能出现在这种小样本情形下。

施里弗概念奏效所需的电子数的不确定性带来一种非常奇怪的副效应，最初人们未予注意，但后来发现它至关重要：超导态的描述 90 不是唯一的。等价的处理办法可以有无数种 —— 1立方厘米的铅中可能就有 10^{18} 种 —— 而且彼此都同样有效。[12] 起初这种多样性是个大麻烦，因为量子力学的微观法则要求系统的态是唯一的，这也是超导理论之所以要这么久才为人所接受的主要原因。但如果你换个角度来看，这个效应并不难理解。尽管罗马帝国的历史是唯一的，但这并不排斥其细节上可以有诸多变化，譬如说某人在某天为其花园别墅的门廊买了些装饰用的瓷砖等，只要它们不影响到主要历史事件的脉络就行。罗马帝国历史上那些说得通又不失根本的可能事件实际上多得数不胜数。大系统的历史与小系统的历史完全不同，因为对前者的描述是一种集体性的描述，而非迂腐的细节描述。超导理论的情形正与此类似。电子在超导体内有一种手挽着手如巨人般行动的趋势，就像结晶时原子的行为一样。实际上，超导体内的电子行为，除了在某些关键处略去"明显的"非量子描述这一点更难解释之外，其他与结晶时发生的行为并无实质性不同。当电子数极多时，要区分超导体的基态和伴有电子整体集体运动的低激发态已变得很困难。因此，施里弗描述的这种非唯一性是一个极其重要的信号：传统的流体意义下的突现性——一种从量子力学到牛顿定律转换的集体效应。有意思的是现代物理学家至今仍不明白这一点，因此这也说明年轻并非天生就一定处于心智的弱势。

超导体展现了一系列只有用施里弗的基态多样性才能说明的行为。其中最显著的是迈斯纳（Meissner）效应，即一小块超导体被放到永磁体的上方时会自动飘浮起来。当样品被加热和冷却实行超导转变时，这种飘浮现象便会反复出现，因此可以在课堂上有趣地演示出来。现在的学生们看多了电影特技，会经常对物理现象表现得麻木不仁，但他们看到迈斯纳效应时一定会有所反应。约瑟夫森效应（实际上在这同一名字下有两种现象）也非常令人惊讶。一个效应是超导性的夹心铅在不加电压的情形下变得导电，它是一种美其名曰鱿鱼的超敏感磁探测器（超导量子干涉仪）的物理基础，这种仪器主要用于反潜设备、磁共振成像和磁致脑成像技术等方面。另一种效应则是在给前已提及的夹心铅两端加上电压时产生的射频波辐射。这些波的同步性与所加电压之间的比例常数在多次实验中始终是一定值，其误差在十亿分之一之内。如同冯·克利青效应一样，约瑟夫森效应是由理论预言的，但其极端的可重复性则出乎人们意料。约瑟夫森常数也是一个由基本电荷量子e、普朗克常量h和光速c组合而成的常数（尽管其组合方式与冯·克利青常数不同），因此可以与冯·克利青常数和光速的独立测量组合起来来给出e和h。的确，这两种宏观效应在今天实际已成为上述表观微观量的定义方式。迈斯纳效应和约瑟夫森效应的恒常性相当于给出了超导体是按某种组织原理进行工作的实验证据，这种组织原理在我们今天看来是与施里弗多样性等价的，被称为超流体的对称性破缺。

　　这些效应的精确性所带来的认识论上的问题，我们不妨用一个故事来说明。在我还是孩子时，我曾因太老实输掉过一场比赛。在加利 92
福尼亚州波特维尔（Porterville）我祖母的住所附近有一片松树林，一次，我和我表兄去林间一个由春天溪流汇成的大池子里游泳。那是山路崎岖的乡下，祖母住处背后的盘山公路蜿蜒悠长，是依山谷走势而建的，但如果徒步沿溪流抄近路回去还是要快得多。当时已时近晚饭时间了，我表兄可能是成天和我在一起开始嫌我烦，这时突然提出说抄近路未必近。他那是什么脑子，大城市出来的，说的话我向来很看重，可这次我不太服气，就跟他打赌要证明他是错的。他信心满满地说我还和以往一样，不知道自己在说什么，于是我们决定各自沿不同的道儿跑回去，看谁先到家来定输赢。但沿溪流的小路陡峭且满是乱石树根，穿拖鞋跑显然太困难，于是我们定好大家沿各自的路尽快走回去，不得要赖，随后启程。我攀峭壁、踏树根、穿柳荫，直走得脚趾头起泡，脚后跟生疼，可终于回到小屋时，才发现表兄早已到家，老玉米都啃了一半了。不用说，他赢了，更糟糕的是，此后几天我的体力都缓不过来。我都不好意思说后来我又花了多少时间终于证实那次他显然是跑回来的。科学家实在是一群容易受骗上当的人，恐怕我的职业生涯也一样不得不面对经常失败和判断失误，并一次次地回到事实中去寻找错的原因。整个一傻帽。

科学竞赛如同上述的徒步竞赛一样，经常会因为错误的动机而取得成功。超导理论方面的竞争就是科学史上最持久、最惨痛的竞争之一，其原因主要是超导的核心问题是概念性的。这一理论最终被接受是基于它对如下这些问题 ——（巴丁在晚宴上搞定的）热容量、热输运系数、能隙、能隙与超导相变温度的关系、该温度随同位素质量的变化、相变时出现的声速调整等 —— 的"光谱学"解释。科学机构不是要解决理论问题，而是只关注事实和技术应用，这不免让人感到失落。也正因此，巴丁-库珀-施里弗理论一直被看成是计算技术方面的科学范例而不是科学概念进步的成功范例。这些内行人知道，这里的基本问题是迈斯纳效应和约瑟夫森效应的精确性，这两者都不要求理论的其余部分正确，但教科书仍在重复着理论解释的光谱学细节的故事 —— 而且还将持续下去。因此他们说，超导电性是电子海的一种不稳定性，并认为致使这种不稳定性发生的电子间吸引力会受原子运动的调整。他们还认为，超导态具有一种与相变温度有着简单关系的能隙，如此等等。

事实上，这些事情没一样是基本的。超导体一经发现便因其与理论预言的光谱学细节相符而被用来确认该理论，这纯属历史巧合。迈斯纳效应和约瑟夫森效应确认的实际上只是理论的核心，并非其全部，许多杰出的俄罗斯物理学家打一开始就深刻领悟到这一点，出于某些正当的理由，他们至今仍认为他们对理论做了不公正的取舍。不幸的是，生活就不是公平的，这在概念问题上尤为明显。每当我的学生遇到这种事感到沮丧时，我便会用庞格罗斯博士（Dr. Pangloss[1]）因罹患梅毒濒死前的话来提醒他们。[13] 有人问庞格罗斯，魔王撒旦是否有过错，他回答说，在这个最佳世界里，生病是免不了的，因为它是由哥伦布带来欧洲的，他还带来了巧克力和胭脂红呢。

　　将超导理论看成是一种技术，这需要在精神上取得妥协，这种 94
妥协带来的负面效应就是在事物的相对重要性方面产生了深刻的文化上的混乱。回顾20世纪70年代，两位深受尊敬的理论物理学家（他们不愿署真名）用他们的论文记录下了他们所从事学科的时代偏见，他们的论文是要"证明"在高于30 K（比绝对零度高30 K）的温度条件下不可能出现超导电性。这与当时已知的金属性质完全相合，也与相关的超导理论细节完全一致。还有一点也很重要，就是要将一种材料冷冻到77 K（液氮的沸点）以下的费用在当时是极其昂贵的，因此也造成了一定的技术障碍。后来，事情发生了令人鼓舞的转变，乔治·贝德诺尔茨（Georg Bednorz）和亚历克斯·米勒（Alex Müller）率先在陶瓷材料而非金属材料上发现了30 K温度条件下的超导电性，[14] 随后不久，朱经武（Paul Chu）用类似材料发现了90 K温度条件下的超导电性。这些突然出现的令人目不暇接的发展

---

1. 伏尔泰小说《老实人》（Candide）里的人物，认为人生不如意是暂时的，世界必将臻于至善。——译者注

引发了一阵创新性倒戈的狂潮，就像是卡通片《走鹃》(*Road Runner cartoon*)里的场景，丛林狼威利发现走鹃刚要去抓，可它那装有极品飞车动力的雪橇就已滑出了悬崖。你可以听到各种各样的说道，包括建议说这种现象根本就不是超导电性，而是某种全新的集体现象——从而轻易摆脱了需要遵从巴丁-库珀-施里弗理论的困难。情形当然不是这样。实验最终变得既可重复又很清楚，人们已经在高温超导体和常规超导体之间实现了约瑟夫森效应，这得感谢现任加利福尼亚大学校长的鲍勃·戴恩斯(Bob Dynes)，是他发明了精巧的表面预处理技术。神秘性解除了：以前之所以不成功，不在于超导态的基本性质，而在于虚构的电子海。人们想当然地认为超导态是建立在电子海基础之上的，可实际上，实现超导的材料中根本就不存在电子海。

95 　　高温超导研究中的人为因素很复杂，常常出现某种思想体系崩溃的情形。斗争的险恶堪比中世纪关于一个针尖上有几个角的争论，有人试图发掘新的数学来"解释"这些超导体，就像用原初的超导理论来解释传统超导体那样。但事实上，原初的巴丁-库珀-施里弗理论本身并不重要，它只是一种证明存在新序性质的方法。既然这种新的序已经被证明是存在的，而且新的超导体也已从实验上展示了这一点，因此就没有理由再发明一种这样的计算技术——除非是出于工程上的目的。在这个问题上，第一个明确阐述电子海性质的著名俄罗斯理论物理学家列夫·朗道曾说过，你可以计算水的性质，但如果检测一下，不是要管用得多吗？

　　还原论者对高温超导的态度让我想起《纽约时报》上刊登的一则国际上流行的笑话。[15] 舍勒克·霍姆斯和沃森博士开车外出旅行。

霍姆斯：沃森，还在看天上的星星！你都想到什么？

沃森：嗯，每一点星光都是一个由氢核聚变燃烧驱动的巨大的太阳。那边的那块模糊区域是仙女星系。高倍望远镜会告诉我们，仙女座是由成百上千亿个恒星组成的岛。倍数更高的望远镜会告诉我们，像这样的星系还有成百上千亿个，它们一直延伸到宇宙的边缘。如果这些恒星中哪怕是有百万分之一个有行星，其中又有百万分之一个具有含氧大气层，在这其中又有百万分之一个具有生命，在这有生命的星球中又有百万分之一个具有人类和文明，那么我们在这宇宙中也不孤独呀。

霍姆斯：不会吧，沃森，你傻啦！有人把我们帐篷偷走了！

96

还原论的思想在超导电性问题上还有另一种迷人的表现形式，我称之为量子场论崇拜。量子场论作为一种从基本粒子研究诞生出的数学体系，通常是在普通量子力学之后教授的一种用于相关领域的特殊的工作语言 —— 它也是一种卓越的思考方式。实际上它并不是一种全新的思考方式，只不过是在真空这一特定条件下对量子力学的重新阐述。这些条件使得整个形式体系看上去优美有趣 —— 至少对像我这样的乐见数学的人是这样 —— 但也很容易被用来掩盖问题的实质。有些花招能够使得一些明明是人为操控的物理行为看起来像是场论引出的结果。在巴丁-库珀-施里弗理论出现不久后，人们发现量子场论的语言特别适于描述超导体的许多重要性质 —— 突出的有超流态本身、迈斯纳效应、超过阈值的导电性，以及所谓等离子体振荡的电子集体搅动，这完全是因为这种方法容许我们预设我们对那些繁杂但最终却是不重要的细节已熟悉，可以快速进入问题的实质。由此最终导致所有超导电性问题都用场论来解释这么一种局面。即使在今天，我们依然发现有许多人私下里还是相信这一套。这当然是荒谬的 —— 就像让人相信天气变化是由粮食价格引起的。事实上，量子场论之所以有效是因为超导电性普适的突现性使然，别无其他。以场论形式出现的量子力学微观方程与实际材料的性质根本对不上号，因此是错的。从错误的方程出发而要得到正确的结果，唯一的方法就是看计算所涉的性质是否对细节不敏感，即是否具有突现性。从超导电性得到的教训实际上不是证明了量子场论是一种卓越的计算工具，而是说明量子场本身也是突现的。

这两大传统之间的逻辑不协调性反映了解决超导电性问题所引起的深刻危机 —— 延续至今的还原论与突现论原理之间的对立，同时这也是这一解决途径本身的根本性质。有人说是库珀发现了超导机制，施里弗发现了解决途径，而巴丁则认识到为什么这一途径是正确的。三人当中，最后一个显然是最重要的，这也就是为什么约翰·巴丁在物理学家中能够深孚众望。

在现代，大家习惯于将比尔·盖茨这位精明强干的商人看成是成就最高的技术专家，但我认为，电子时代真正的英雄是约翰·巴丁。巴丁出行总是坐经济舱，平时也不以诺贝尔奖获得者自居。一位同事曾描述过他作为学生是如何造访巴丁家的。当时有人提出想看看晶体管模型，巴丁一开始不记得放哪儿了，便到处翻找，最后在餐具柜的底层找了出来。提出量子场论优美形式的理查德·费恩曼也曾叙述过他在收到巴丁-库珀-施里弗论文预印本时是如何进行超流体和超导电性方面的工作的。他没拆阅就把它丢进了抽屉，而且一丢就是几个月。

　　我曾经有过一次与巴丁的交往，当时我的表现简直是十足的目空一切。我并非觉得这一经历有多么值得夸耀，但我还是想把它说出来，因为我知道约翰或许能从中看出我的那种带有弗洛伊德意味的滑稽可笑来。[16] 那是在瑞典北部召开的一次关于多体量子物理的大会 98 上，会议地点选在远离城市的一个猎场，周围除了高山、沼泽，一无所有。当时我刚好在北京的另一个会议结束后赶来，适逢又有点消化道不舒服。我的半夜到来，加上开灯，将昏昏欲睡的人们全都弄醒了。事情糟糕还在于这里要到晚上10点才日落西山，且4小时后就又旭日东升了。[17] 会上吃的大多是驯鹿肉——烤鹿肉、鹿肉丸子、腌鹿肉等，你不喜欢，可瑞典人喜欢。不管怎么说，好歹熬到了第二天日程"鸡尾酒会"的结束。这时门外显得特别吵，我们都跑出去看个究竟，只见草坪上停着两架重型直升机，驾机的是瑞典军方的高级军官。两架直升机是来接人的，把我们会议中的6个人带到了几千米外的山里的一个小湖边，这个湖是个冰川造就的花岗岩湖。我们到那儿时已经有人搭起了一顶小帐篷，生好了好大一堆营火，备下了勾兑好了的热葡萄酒，有人称其像"狼尿"。在明亮的极地夜晚，我们站在那儿，看着微风舞动着营火，喝着酒，赞叹说这样高档次的大会以前不曾有，以后也不会有了。这时我却感到越来越不舒服。到了直升机要返回的时间了，我们6个人赶紧登机往回赶。着陆后，一时间我们谁也没动，于是我率先起身，这时坐在我身后的同事格里·马汉（Gerry Mahan）粗暴地阻止了我，就像我犯了什么大罪似的。我这才注意到，前面的一个老者慢慢伸出腿迈向舱门，爬了出去。他就是约翰·巴丁。

第9章
核家族

> 但这是一个古老且永恒的话题：只要哲学开始信有其
> 事，那么过去时代里发生在斯多葛学派头上的事今天依然
> 会发生。哲学总是按照自己的想象来构建世界，它不会做
> 其他事。
>
> ——F. 尼采

99　　现代生活中最离奇的发展之一就是核武器被神话化。它有一种增殖效应，这一点既能够从我与来自不同背景的学生的交谈中观察到，也能从我自己孩子的身上感觉到。他们发现，从人性角度来看，战争很难理解，因此他们将这些事视为抽象的威慑力而不是屠杀。去年夏天，我带大儿子去广岛参观原子弹博物馆时就深切感受到这一点。他只是从字面上肤浅地理解它的可怕，出了展馆，注意力就转移到沿河而下的弹吉他的街头乐手身上，或是长崎街头和他一般大的滑雪橇的孩子身上去了。使用核武器的这一事件过去得越久远，核武器在国民意识中的技术非现实性就越明显，就像要沦为周六早晨卡通片里的宇宙飞船和变形金刚。

100　　不幸的是，核武器是由物理学发展来的最耸人听闻的工程产物，

这类工程在20世纪50年代曾被推崇到非常突出的位置，并使相关学科带上了难以去除的色彩，这是一种本质上属还原主义的色彩。放射性的发现及随之而来的核反应研究导致了核能的发展，这反过来又在大众心理上造成一种一切事情比起原子核运动规律来都显得次一等的态势——这种结果至少部分是由于战后对核武器研究给予的心照不宣的巨大财政支持造成的。[1] 人的世界观很自然地要受到他的生活方式的影响，摇尾乞怜在科学上和在其他地方一样盛行。

具有讽刺意义的是，核武器涉及的物理学原理既非难以琢磨也谈不上尖端。在我工作过的利弗莫尔实验室，一直有一种要剔除手头上与核武器无关的核物理学研究的论调。核爆炸就像团火，一旦你装填了燃料，你只需启动核反应，然后迅速逃离，它随后就会爆炸。这项技术确实令人恐怖，难怪世界各国政府都对裂变燃料的增生感到莫名紧张。一旦你有了这些燃料，你能很容易制造出核武器。

核裂变的发现要追溯到20世纪30年代。当时在人们看来，放射性现象除了尺寸上不同外，其他与化学无异。[2] 原子要比原子核大100万倍，而每次核反应，原子核放出的能量则是化学反应的100万倍。核反应本身包括核物质的衰减、核对周围电子的俘获，以及两个较小的核聚合成一个大核。所有这些过程都可与燃烧过程中出现的化学反应类比，它们服从与化学中应用的一样的量子法则。两者间的重要区别在于核的各部分之间的力不那么简单。在化学反应中，除了静 101 电力别无其他，但在核反应中，则存在好些无法简单描述的力，人们统称其为核力。

通常学生第一次遇到所谓虚空不空的概念都是在核力这个问题上。刚开始要掌握好这样一个事实 —— 可算是学物理的人的成人典礼 —— 那真是令人既兴奋又沮丧，就像你和女朋友慢慢溜达到暗处，可到了那里才发现原来是误闯了人家工棚。即使工棚里工友鼾声如雷，你俩也不敢造次，不消说，你的行为检点多了。原子核也一样，核中主要是质子和中子，但它们的行为却要受到居间媒介的调整，尽管这种媒介表观上看似虚空。在这两种情形下，媒介都是被动的，只有当你精心实验时方能显现出来，就像你身处工棚不得不低声细语，踮起脚来走路一样。要使媒介不参与其中，事情就得遵循这样一种玩法：除了两位主角别无他人。可两位主角间的相互作用却非比寻常且错综复杂。一到剧烈实验中，媒介的动力学性质就显现出来了，这时无论什么玩法均告失效。

核物理中这样的剧烈反应可谓家常便饭，因为质子和中子之间的力太大了。要想在核上做这样一种精巧实验，其结果就如同加利·拉森的卡通画《匹兹伯里小面人遇到弗兰克沥青铺路队》(*The Pillsbury Douphboy Meets Frank's Asphalt and Paving Service*)[1]。通常做法不是去试，而是用一个核以很高的速度去撞另一个核，看看会出来什么。有趣的是，核物理中为数不多的精巧效应之一就是热铀裂变。自然界里一次意外碰撞可以使比普通空气分子速度还慢的中子触发铀核反应，由此中子能量增大了一亿倍。铀的这种特殊性质使得用水做慢化剂的核反应成为可能。

---

1. Gary Larson (1950 —)，美国著名漫画家，单页多格连环画 *The Far Side* 的作者，曾为多家报纸杂志创作漫画连载长达 14 年，直到 1995 年退休。Pillsbury Douphboy 是著名食品加工企业 Pillsbury 公司的注册商标和吉祥物，是一个白白胖胖的小面人形象。精致的白面娃娃遇上粗犷的黑色沥青，你想还能有什么好？—— 译者注

像很多人一样，我对原以为空无一物的空间实际并不空这种事情有过几次体验。那是20世纪70年代我还在当兵的时候。一次，我打算和我们单位的另一位兄弟周末一道去瑞士野营。为方便起见，我们决定坐火车去，但不知怎么我们在斯图加特错过了中转，半夜到了苏黎世。那里早已没了始发的短程快车，也没法订到旅馆。我们抱怨了一阵天不作美之后，决定到街对面的停车场露宿一夜。过了马路，解下睡袋，在长凳上倒下身体就睡。显然我们睡得并不踏实，因为这里"不是只有"我们，漆黑的停车场整夜忙得不得了。让人高兴的是第二天凌晨看见了日出。任何对虚空抱有疑问的人都不妨到停车场待上一夜。

第二次遇到虚空问题更直接，是关于由原子核产生粒子的奇异能力问题。放射性的常见方式之一是 β 衰变，一种放出高速电子并伴有反中微子的过程，反中微子是一种能毫无阻碍地穿过地心的神奇粒子。对此效应的一个解释是：核成分之一的中子"转变"成核的另一种成分——质子，同时放出一个电子和一个反中微子。这种解释与游离于核外的自由中子会在一分钟之内就以同种方式发生"转变"的性质是相符的。一个人如果不小心恰好遭遇这种衰变，那他也就不幸由正常人"转变"成了癌症病人——这也就是为什么通常都是让研究生而不是亲自下去修理中子谱仪的原因。[1] 因此我们或许可以将中子描述成质子、电子和反中微子的一种束缚态，就像化学反应中的不稳定原子和分子那样。不幸的是，β 衰变还有另一种形式：质子"转变"成中子，并放出反电子和中微子。这样，上述将中子看成是由质子加

1.这是作者的一种调侃。——译者注

103　上其他粒子组成的图像的观点便不正确了。上述化学类比图像不成立的原因在于存在反粒子 —— 一类质量、寿命等性质与普通粒子相同但电荷和其他微观量子数与普通粒子等量而反号的粒子 —— 并且任何时候核都可能出现从真空中产生出粒子-反粒子对，只要你给予这个核足够多的能量。到底会出现哪一种 β 衰变，这得看这个核的能量状态，核中往往是中子能量稍大于质子能量，但也就大一点点。

反物质是自然界最神奇的事实之一，它如此出格以至于科幻小说家都很难想象。它是一种电荷符号相反但其他宏观量同于普通粒子的物质，正因此，它可以在和普通物质剧烈碰撞中湮灭，只留下一簇 γ 射线 —— 核物理学家用这个词来称呼短波长光线。这种爆炸也就是《星际旅行》(Star Trek) 中"企业号"飞船的动力来源。我总感到《星际旅行》中提供不了所需的 γ 能量，否则的话，按我们的设想，甲板下那些可怜的工程师们就都得穿上铅背心。也许这正解释了所有这些外星人都来自何处。然而，与《星际旅行》不同的是，反物质可是真实的。它每天都在由放射性和世界上各个大型加速器实验不断产生。

反物质的存在及其性质与宇宙的性质有着密切关联。我们不妨回到 20 世纪 20 年代，看看这个概念提出的起因。当时人们发现，对一个孤立粒子，要用量子运动方程来同时正确描述其在高速和低速下的测量行为是根本不可能的，最简单的解决办法 —— 也是被证明与正确的实验结果一致的解决办法 —— 就是将空间描述成类似于普通石块那样的多粒子体系。这么表述不十分准确，因为狄拉克（Paul Dirac）当年给出电子的相对论理论时，人们还不知道晶态固体内电

子和空穴为何物，但事后来看，显然它们是一码事。因此对于有多个 104
电子以化学键形式束缚于原子内的元素硅，是有可能从化学键上拉出
一个电子来形成一个空穴的。这个空穴是活动的，其行为如同硅中增
加一个额外电子后的行为，只是电荷异号。这就是反物质效应。不幸
的是，空穴概念如果不借助某种类似于固体键长这样的物理概念就毫
无意义，因为这个长度确定了电子被从中拉出的那种元素的电子密度。
如果没有这个长度概念，背景电子密度将趋于无穷大。但这样一种长
度概念与相对论原理之间存在基本冲突，后者不容许空间有任何优先
尺度。这个疑难至今还没有好的解决办法。为此，科学家们研究出一
些聪明的语义技术来绕过这个问题。他们不用空穴概念而是用反粒
子概念，也不用键长而是抽象地称其为紫外截断 —— 一种用来处理
这类问题的微小的长度尺度，换句话说，即要用它来避开无穷大发散。
小于这个尺度，即放弃计算，就是说在这个尺度之下，方程失效。我
们在所有计算中都运用这种紫外截断，并认为它已小到无法测量，因
此小于这个尺度可不予考虑。

　　紫外截断问题让我想起了梅尔·布鲁克斯的《年轻的弗兰肯斯
坦》（*Young Frankenstein*）里的场景。[1] 弗兰肯斯坦博士问驼背的佣人
伊戈尔，他是怎么带着驼背生活的，伊戈尔问道："什么驼背？"量子
电动力学主要是关于光如何与弥漫于整个宇宙的电子海交换信息的
数学描述，这一理论表明，紫外截断具有不可测量的特性。这种信息

---

1. Mel Brooks (1926 —)，美国著名喜剧电影演员、导演和编剧，生于纽约布鲁克林的犹太区。早
年在夜总会和电视台当插科打诨的喜剧演员，1968年自编自导了他的第一部影片《制片人》，一炮
走红，并获得了当年度奥斯卡最佳编剧奖，从此走上影坛，并成为当今美国影坛最杰出的喜剧导
演之一。拍摄于1974年的《年轻的弗兰肯斯坦》是他参与改编并执导的一部喜剧片，该片一反原
片《弗兰肯斯坦》（1931年摄制，剧本改编自玛丽·雪莱1818年创作的同名小说）的恐怖模式，采
用喜剧来表现，为此该片赢得了奥斯卡最佳改编剧本奖提名。——译者注

交换有一个迷人的推论，那就是真实的光包含着某种占据真空的物质的运动，这些物质包括所有电子以及其他物质形式，虽然其运动范围取决于尚未知道的紫外截断的值。关于哪一种调整最佳，截断是真实的还是虚拟的，相对论是否应当牺牲掉，以及谁过于近视看不到真理等的争论从未休止。试图克服紫外发散也正是人们看好弦论的深层次原因，弦论是一种关于真空的微观模型，到目前为止，它还没能解释任何测量量。

如果我们从眼下这个问题后退几步，从整体上来考察一下，对这种做法的起因就会看得更清楚。与我们生命相关的各种虚空性质均显示出它们作为物质相的所有突现现象的特征，它们简单而又精确，不仅对模型不敏感，而且具有普遍性。这就是紫外截断不敏感性所蕴含的物理意义。

真空与物质低温相之间的相似性可以说是一种物理学传奇。相不仅是静态的、均匀的量子态，而且它们那种极为微妙的内部运动与基本粒子在物理上也是不可分辨的。[3] 这是科学上最令人震惊的事实之一，也是学生最感头痛、难于理解的一个问题。但如果他们观察了足够多的实验，接触到丰富的彼此一致的实验证据，他们最终会确信这一点。实际上，一个人越研究低温相的数学描述，他就越习惯于使用物质和空间之间那种本质上可互换的平行概念。因此我们可以用真空来谈论物质相，用激发态来讨论粒子，用准粒子来指称集体运动。这里"准"字反映了关于这些对象的物理意义的争论的历史遗迹。私下讨论时，人们往往不拘泥于形式而直呼其为粒子。

　　零温度相不是那种招人待见的事情，至少表面上如此，因此那些沉迷于此的人经常会成为学术幽默的对象。例如，当我在20世纪70年代中期还是个学生的时候，我听说过一个关于它的笑话。这个笑话模仿《讽刺大全》（*National Lampoon*）杂志中拿丹·布劳克（Dan Blocker，在电视节目 *Bonanza* 里饰演 Hoss 的演员）来取笑的拙劣文章。当时丹刚因肺栓塞去世，杂志编辑部里就有人提议拿他作为"采访"对象一定很有趣，设计中问的都是些关于当时演艺界和电影方面的问题，对这些问题布劳克都回以沉默。而在这个模仿的玩笑里，丹化身为一罐氦-3，采访记者问他的是些关于他的新生活、随液氦流动是什么感觉、他是否会感到兴奋、他如何承受压力等问题。这种事情居然出现在MIT（麻省理工学院）。

　　但如果做更深入的考察，这种对零温度相的执着并非那么可笑。有不少人曾以巨大的热情投身于这种研究，有些人甚至使自己陷入严重的经济困难，因为零温度相（而非半导体或普通金属）的研究几乎没有任何经济价值，故而没有基金机构和投资人会看好它。但它带来的一个良好结果是这项工作受到了非同寻常的信赖，从事这项工作的人是带着万分谨慎和开放的心态全身心投入其中的。我们之所以认为粒子和普通晶体中空穴之间的类比不仅精确并具有抗干扰能力，而且是普适的，就是因为有这样的信心之源。也正因此我们才知道如何将这种类比扩展到超导金属和超流体氦-3（一种严格均匀的非晶态物质），[4] 才知道为什么会存在超流体液体和气体，[5] 才知道原子核内部呈液态[6]。最后一点是我们理解中子星和量子液晶相表面壳层的概念基础。[7]

　　除了电子和空穴之外，石头[1]里粒子突现性的最简单的例子当属声波量子化了。这是我所知道的一种最接近真正魔幻的现象了。声波就是我们每个人都熟悉的弹性物质的振荡，典型的如空气振荡或墙壁的振荡（如果你要睡觉而隔壁却在开热闹的派对，你就有体会了）。这两者之中，从量子观点来看又属固体中声波更有意思，因为它甚至在超低温下仍能够存在。在这种温度下的测量表明，这时声波呈粒子性。例如，假定我们将一个发声装置对着一个超低温固体物打开，声束进入该物体，并在物体内发生强度衰减，声音变小，但物体另一端的声音接收器接收到的情况却不是声调变弱，而是随机传来的一个个很陡的能量脉冲。随着入射声强的提高，这种脉冲的量子化传递就逐渐演变成更为熟悉的声调的传递——一种每天都会遇到的从量子力学到牛顿实在的突现现象。但在低强度情形下则不会出现这种突现性。这样，结论显然是存在声粒子，尽管当固体离散成原子时它们不存在。这种粒子突现性恰似固体本身的突现性。

　　声波量子化是粒子突现性的一个特别富于启迪的例子，因为它的任何细节均可精确再现，这些细节可以小到从原子所遵循的量子力学基本规律开始算起——只要这些原子从一开始就假定是理想晶化的。这就是我们说的量子化声波有一种普适的结晶特征的意思。这种现象是戈德斯通（Goldstone）定理[2]的原型例子，这个定理是说，任何物质在出现自发对称破缺时一定会以粒子形式突现。理论分析也表明，

---

1. 这里"石头"应作上文交代的"空间"看，是作者的一种调侃。——译者注
2. 戈德斯通（Jeffery Goldstone, 1933—），英国理论物理学家。1956年毕业于剑桥大学并留校任教，1977年当选为英国皇家学会会员，同年起任马萨诸塞理工学院教授。主要从事量子场论、粒子物理等方面的工作，1961年提出自发对称破缺思想，通过引入无质量粒子（戈德斯通玻色子）提出了戈德斯通定理，并独立给出了该定理的一般数学证明。——译者注

随着音高逐步降低，出现的声波粒子会越来越完整，直到在低音极限变成严格的粒子。音高甚高的声量子通过固体后会随机衰减成两个或更多个较低音高的声量子，这种衰变可以类比于放射性核或诸如π粒子这样的基本粒子。我们可以证明后者的衰变等同于一种弹性非线性性——即是说，当固体受到的外力足够大（但还不至于造成断裂）时，[108]固体的形变不再与它所受到的力成正比。但由于这种非线性性随着声波波长加长越来越不显著，因此衰减的时间也随着声调走低而加长，并最终变得无限大。声波量子化在物理上的这种优美的魔幻性质是周密分析的结果，而非直观的推论。

声波的量子性质可与光的量子性质等量齐观。这一事实非常重要，尽管它并不明显，通常我们都认为声波是弹性物质的集体运动而光波则不然。用热容来表现这一类比可能最简单也最直接。在低温环境下，晶态绝缘体的储热能力随温度的三次方下降。这种效应是量子力学的必然结果，我们很容易证明，如果所有原子都服从牛顿定律，那么热容将必定是一常数且很大（如果在室温下的话）。虚空的热容也精确遵从这一法则。空间在受热情形下是不空的，充满了光，其颜色和强度取决于温度。我们从热的余烬所发出的红色辉光中，以及白炽灯的灯丝或太阳表面发出的白光中就熟知这一点。与此相似，热晶体充满了声能。在这两种情形下，热容对具体温度的依赖关系均可用普朗克定律从量子角度给予解释，这个定律是在光或声能皆以离散的方式产生或湮灭这一假设下导出的。[8] 实际上，晶态固体的热容公式恰是虚空的热容公式，只不过是用声速取代了光速而已。声的突现量子称作声子，正如光的量子称作光子。已有大量实验确认这两种粒子具有等价性，有些实验做得非常漂亮和精巧。[9]

声子和光子之间的类比提出了一个尖锐的问题：光本身是不是突
109　现的？这里我们要小心，必须将真空空间作为相的合法性问题与它是
否就是我们所知道的相这一伪问题区别开来。一般认为，真空不是一
种相，因为它不是固态。这种认识好比说一个要死的人没有病，因为
他没害天花。我们并没有发现所有的物质相，也不可能从第一定律推
出所有相。这一点从日常的化学世界里就可以看得很清楚，在更广泛
的宇宙的可能的微观基础方面则更甚之。要想创造性地考虑物质问题，
我们必须先弄清楚我们知道什么，而不是在理论上过分地外推。声光
之间的相似性需要解释，因为我们没有理由认为它们的量子力学机理
是一样的。在声的情形中，量子化可以从原子所服从的量子力学基本
法则推导出来。但在光的情形中，这必须是条公设。这种逻辑上的不
完善让人非常尴尬，但物理学家偏好用形式化语言来包装它。因此我
们说，所谓光和声服从普朗克定律，这是就规范量子力学和基本自由
度的玻色性质而言的。但这绝不等同于解释，否则就会陷入循环论证。
简单来讲，所谓"规范量子力学"其实就是要求光具有声所具有的那
些性质。

光有一种令人难受的性质，即规范效应，这是声不具有的，而且
这一点常常被当作光不可能具有突现性的理由。这种论调显然经不起
推敲，因为我们有很多种方法来想象光的突现性，但这一效应毕竟从
概念上指出了光和声之间重要的物理区别。其最简单的表现形式就是
热容。当声波通过晶体时，晶体内的原子就会偏离晶格上原先的静态
位置。这种位移无非三种情形 —— 左右型、上下型和前后型，每种情
形都分别对热容有贡献，故最终的有效结果必须乘以3。光的情形则
110　不然，即使光也造成某种位移，但乘积因子却是2，因为宇宙的三个

方向轴之一不会发生振荡 —— 至少在与实验可测的温度水平相关的时间尺度上是这样，即不储能。其基本的微观解释尚不得而知，现代物理学是将它当作公设来看待的。

但简单地通过定义来打发这种规范效应只会带来一系列乏味的结果，它们看上去就像是还原论者对突现现象的解释还存有一些待处理的细节 —— 就像你从厨房的爆米花后面发现有老鼠的迹象。例如，我们可以证明，使振荡的整个模式不出现是困难的，特别是在牵扯到物体 —— 如真空中的电子 —— 运动的情形下，这时振荡本身就是在所有三个方向上的。这里关键是有这样一个公设：在光与物质发生物理接触之前，光的量子力学波函数是以某种方式与宇宙间所有带电物质 —— 包括隐埋在虚空本身中的那些物质 —— 纠缠在一起的。这种纠缠一出现，就永不消失，并且禁止某些事情发生。此外，规范效应与相对论原理之间也存在根本的不相容性，弄出个紫外截断的目的也正是要掩盖这一点。最后，还有这样一个问题：波的所谓纠缠的"非物理"运动在数学描述中开始时是作为物理运动来看待的，只是在计算到最后才借助它们不可实际测量的事实恢复其非物理本性。

规范效应的突现性根源的一个强有力的例证就是超导电性。超导电性与规范效应之间那种熟知的等同关系在精密的迈斯纳效应中就隐含着，这也正是为什么超导电性刚出现时会经常被冠以规范对称破缺的原因。超流体之所以成为大多数模型的核心部分，原因亦不外如此，在这些模型里，规范原理都是突现性的。所有这些赶时髦的模型没一个不显得做作，很难让人满意，这不是因为它们不正确，而是因为它们不具有可错性。在我们能够达到的实验尺度上，这些模型彼此[111]

不可分辨，而且也难于和基于将规范原理仅作为必要条件的那些模型区别开来。因此按照公认的视不可测量的事情即无存在意义 —— 甚至有些问题根本是因为实验者自身的实验缺陷 —— 的做法，这个问题纯属理论游戏，无甚实际意义。

　　真空性质突现性的一个较少争议的例子是下述两者间的特殊关系：一方是电性力和核衰变力，另一方是被称为 W 玻色子和 Z 玻色子的两种特殊基本粒子的质量。[10] 这一关系背后的物理概念是：超导电性流体 —— 更确切地说，是这种流体的复合抽象 —— 遍及整个宇宙并调整电性力以产生弱作用力，就像是实验室超导体调节电性力。这种流体也具有普通液面晃动时那样的波动。如同固体里的声波一样，这种波动是量子化的，因此在实验中显示为粒子。[11] 而超导体中相应的这种晃动则被称为芓离子体子，我们在电子显微镜实验中经常能看见它。[12] 观察不仅证实了 W 玻色子和 Z 玻色子的存在，而且证实了两者质量间的微小差值正是所要求的核力与电性力之间的差值。这种流体是否真的存在还在争论中，因为我们还没有观察到希格斯子（这种流体的一种更复杂的晃动）。原因当然还是现有加速器的技术限制，大多数物理学家都期望不久就能发现这种希格斯子。

　　真空的其他许多方面也被认为具有突现性。例如，它的量子场理论描述非常简单，这一点非同寻常，因为普通物质的量子描述都很复杂，除非是在它们突现的情形下 —— 就像它们成为超导体或超流体时那样。此外真空也具有尺度上的等级，就是说在现象上表现为一种长度不断拉长而时间相应地退居其次的趋势。当真空从极高的温度下冷却时，通常被认为要经历所谓统一相变（unification transition）的一系列步进事件，在此过程中，各种已知的自然力相应地与其起源的基本力分离开来。类似地，当我们将地球上稀有元素钬（holmoium）金属从极高的温度下进行冷却时，它首先在2993 K绝对温度下冷凝成液体，随后在1743 K绝对温度下固化，然后在130 K时发展出一种特殊的螺状磁性，并在温度降到20 K时转变为弱的铁磁性。[13] 在131 K到20 K之间，螺距会连续变化，就像一只橡胶螺丝在轴向力作用下被抻长了一样。在这每一次相变过程中，金属中的那些不同有序态下由各种弹性畸变所传递的电子间的"力"，就会像前述真空中所表现的那样逐级与其起源的基本力分离开来。真空统一相变所需的温度无法在实验室条件下实现，甚至在最大恒星的中心亦做不到，因此这种真空统一相变的证据只能是间接的，但如果我们的钬元素实验在长度和时间尺度上能达到相应的要求，那么从螺旋状磁性变化的趋势中我们就能外推得到真空下的性质。这些强有力的证据之一就是可重正化性，一种能使可行的测量变得简单且冗余（从一种测量的结果可以预言另一种测量的结果）的作用，但这种作用不能用于估计处于等级阶梯顶端的力的性质。这样的例子有很多。

随着20世纪50年代对核能的开发利用和用于探索核力的大型加速器的建设，人们逐渐清楚地意识到，在亚原子核尺度上，问题正在变得越来越复杂而不是越来越简单。规范原理、相对论以及反物质的一般性质不断被掌握，但随着基本粒子数目不断膨胀，它们的相互作用法则也不断增多。这些发现没一样被证明有助于加深我们对原子核的理解，就更甭说原子了，而且我们今天依然不能够从基本粒子标准模型出发来精确计算质子和中子的质量。方程依然过于复杂。当然，我们在日常问题上已经看惯了这种复杂性，譬如说，你在测量时过分莽撞导致出错，这种复杂性就一定会出现：又譬如你急急地略过电子和空穴的那些精妙普适的简单性，巴不得立刻开始研究所有有趣但最终却被证明与化学无关的细节。我们所熟知的另一件事是粒子质量的膨胀和真空中粒子耦合的增多，它们有着精确的值，但彼此间似乎不存在任何简单的相互联系，就像化学图书馆的参考目录库开列的一条又一条令人头皮发麻的物质性质。这些数据从我们所知的一些基本事实出发，按逻辑发展展开，但也只是对其测量和列表要比其计算容易些。

　　尽管所有这些被还原论者当作物理学范式的证据有着这样那样的困难，亚原子核实验仍然基本上是按还原论的概念来描述的。考虑到构建标准模型的许多思想表现为如下这么一个概念，就让人感到格外奇妙：真空是一种相，而且在原子核的尺度上（但不超越这种尺度），物理定律之所以简单易懂，就是因为它们反映的是这种相的普遍性质。尽管如此，物理学家们往往不谈低能普适性，而是谈有效场理论；不谈相，而是谈对称性破缺；不谈相变，而是谈力的统一性。这种情形让我想起一所医院，那里从不见死过人，但不时遭遇"负面的医治结果"或"没能取得预期的健康效果"的投诉。[14] 这两种情形里的意识形态是混乱的。医院将挽救生命作为使命，因此医死病人被认为是一种不能考虑的失误。而在还原论者看来，用数学来把握世界是其使命，因此认可相组织原理的对世界所做的解释便成为不能考虑的失误。问题发展到这一步，虚构便大行其道，有时人类甚至偏激到按自己的意愿来看待世界，即使明知错了也难思悔改。

　　当然，这种态度的表现方式可谓五花八门。我的同事乔治·查普林喜欢引用他所谓的科学第一定理（他认为那是我发明的，可我清楚地记得这就是他自己说的）：如果确信一件事会让他破财，你就不可能让他确信这件事。我们不妨去掉"科学"两字，就将它定名为第一定理。

　　这么做的必然结果是真理有时变得仅具有相对意义。在我还是个中学生的时候，我参与了一场非常逼真的政治模拟活动。老师把我们分成若干组，每一组代表一个假想国的政府，并给了一套使用说明，其中包括世界历史概要、政府工作流程介绍、军事能力等，还发了一张表。整个游戏由通过外交邮袋（小纸片）向前或向后传递信息并在世界论坛（教室前面的铝质讲台）上发表演说等内容组成，不容许直接的个人接触。我的"国家"虽属小国之一，却以富有铀资源而著称。"大国"则资源贫瘠。我作为"总统"的任务就是要在矿石买卖中为我国人民争取实现资源价值最大化，并保持国力均衡，使得大国不敢以低价勒索巧取豪夺。就这样演了近两小时，我们发表了一系列愚蠢乏味的演讲，贸易信息传递似乎也不那么管用。这时一个大国突然以世界和平和安全为由对我们发动了侵略。战争持续得并不长，我们是小国，不久我就被赶下台了，原因竟是令人不齿的背叛 —— 是那些我昔日的朋友所为。我不知道这个游戏最后是怎么结束的，因为我不再掌权，就出去弄东西吃了。但游戏结束后，组织者透露了秘密：每个 115国家拿到的是不同的世界历史。虽然我力图用这些资源来换取最大利润，但我的对手却一直认为那些矿藏是国家安全的隐患所在。每个大国都相信他国正图谋限制其得到这些资源，而且我的政府成了他们的秘密代理人，难怪他们要侵略了。

　　在科学上，如同其他领域一样，对虚构这一病菌的最佳消毒剂就是实验事实。我有一位同事叫金忠旭（Chung-Wook Kim），当年广岛原子弹爆炸时他正在那里。金是韩国人，现在是首尔韩国高级研究所的所长。他父亲在20世纪40年代是亲日派，那时是旅居广岛的流亡商人。金当时才上小学五年级，而当时从四年级往上全都在离爆心9千米远的一个教堂里避难，他们上午上课，下午采集食物，并以罗斯福和丘吉尔为靶子，以竹代枪进行军事训练。他回忆说，那天早上8点15分，一道罕见的白光射穿天窗，照得满屋通亮，接着是一个响雷，老师试图让他们安静，但他们因看到多彩的巨大蘑菇云而变得异常兴奋（这是他的一个同学说的）。于是老师告诉他们日本已经发明了一种新式防空武器，他们相信这一点，因为他们几乎每天都受到空袭。但后来，下午他们就从广播里听到了美国投掷了超级炸弹，他们战败了。金说他永远不会忘记他在广岛看到的情形，惨相难以名状，不堪回首。越接近市中心，建筑物倒塌得越厉害，最后是一片平地。当局向成堆的尸骨喷洒汽油并点燃。他的一个姨妈就是在地面一所建筑物倒塌时当即死掉的。一位表亲当时虽幸免于难，但在随后的一个月里掉光了头发，疯了，最后还是死了——这是辐射病的典型病征。另一位表亲在原子弹爆炸时正走在一座小桥上，被立刻震晕了过去，摔到了浅水里。当他苏醒过来时，他发现太阳（辐射）烤焦了他半个身子，几年后，他在韩国还是因不明原因死了。这个故事有个特别令人感伤的结局，金后来成为一名令人尊敬的中微子物理学家，在该领域写过著名的教科书，教科书现在仍在广泛使用。[15]

　　叙述这个故事的目的不是要使年轻人沉浸在战争的恐怖中，而是善意地提醒他们，自欺欺人不会有好结果。大多数时候这种做法的结果不会像战争那么可怕，但无疑会降低生活质量，这种降低可以表现为开车逞强、离婚判决或无休止的冗长会议。

更重要的问题在于思想意识超前于发现。我们所有人看世界都是从我们的意愿出发而不是从实际出发，这是我们的天性使然，但我们需要在心中牢记：这是人类心智的固有瑕疵，如果我们愿意，我们完全可以战胜它。看穿思想意识并揭穿它正是真正的科学所要做的事情。

第 10 章
时空结构

在我们将它带到世上之前，数学原本并不存在。

——阿瑟·爱丁顿爵士

[117] 　　爱因斯坦的相对论，我们这个时代最深刻的文化烙印之一，是几乎每个人都听说过但很少有人理解的一种理论。[1] 这一理论发明者的肖像已成为世界上公认的宇宙间卓绝智慧的象征。在大众的想象中，相对论是一种只有那些具有超常禀赋的头脑才能理解的更深刻的实在。

　　这些另类的声音既够夸张也不准确。相对论的原型，即狭义相对论，实际上是一条法则，而且还是相当简单的法则，它根本就不是运动方程，只是一种方程性质，一种对称性。相对论最自然的形式是由这一法则促成的推测性的后牛顿引力理论。[2] 爱因斯坦在其学术生涯的早年即发现，公众对相对论神秘性质的兴趣要比对其物理意义的兴趣大得多，人们把他奉为先知，尽管他并不是，而只是一个具有锐利思想的职业科学家。爱因斯坦的文章以逻辑性强、直接和坦率而[118] 著称。他和我们一样会犯错误，但他很少用晦涩的数学来掩盖其缺点。大多数科学家都渴望像他那样条理清楚，但很少有人能做得到。

应当说，对称性在物理学里是一个很重要的概念。[3] 我们不妨以圆为例。台球是圆的，我们不用知道它是用什么材料制作的就可以预言，如果用球杆给它一击，它便会在桌上沿直线滚动。但并不是圆引起它滚动，而是运动定律使然。圆只不过是一种使台球区别于其他任意刚体的特定性质，它反映为这种物体运动时少有的简单性和规则性。在我们不知道物体运动的基本方程但又需要将其运动规律从不完备的实验事实中总结出来的情形下，对称性就显得特别有用。例如，你知道所有的台球都是圆的并试图猜测它们的运动方程，你恐怕得彻底打消这个念头，因为你对圆的物体不可能做到这一点。这种情形在亚原子物理领域非常常见而非特例。正因此，物理学里有一个传统，就是把对称性看成是最基本的重要特性，尽管它们实际上只是运动方程的一个结论或一种性质。

相对论里的对称性包括运动。[4] 爱因斯坦和20世纪早期物理学界的其他领袖人物是通过思索电和磁的运动规律来得到这种对称性的，电磁运动方程由詹姆士·麦克斯韦总结出来并迅速导致了无线电的发明。旋转对称性要求圆桌上台球的行为定性彼此相同，不论这些球是处于圆周的什么地方。相对论对称性则要求，不论它们如何运动，它们的行为均看上去彼此相同。这一概念是由爱因斯坦通过著名 [119] 的思想实验（相向而行的两列列车上的观察者观察对方）最先天才地捕捉到的。爱因斯坦认为，在极限情形下——两列列车在真空中交错，我们不可能通过测量来确定哪一列火车是静止的，哪一列火车在运动。在此情形下，电磁运动方程在两列火车上必定是相同的，因此光速也必定是相同的。于是人们在此遇到了一个逻辑悖论，除非我们承认我们关于同时性和在两列火车上的测量等的传统观念是不正确的。这些思考及其逻辑结论，包括高速运动物体的增重和质能等效性等，现在已在全世界各个实验室得到确证，并已作为一种自明的真理载入史册。

　　爱因斯坦奋斗的故事是如此浪漫，以至于人们很容易忘却相对论是一种发现而非发明。在某些关于电的早期实验观察上，这一认识是非常模糊的，人们大胆地将这些观察结果综合成一个协调的整体。但在今天，这种大胆已无必要。由现代加速器武装起来的实验科学家如果在第一天遇上某种相对论效应，那么在随后的一个月里凭经验就能搞清楚这是怎么回事。相对论其实并不那么吓人，它所取代的那种表观上自明的世界观是一种基于既不完备也不精确的观察之上的世界观。如果所有事实都已知，也就不存在争论，爱因斯坦也就不必证明什么了。流行的观点认为相对论是人类智慧的创造，因此显得非常崇高，但说到底，这种认识是不正确的。相对论是被发现的。尽管爱因斯坦的论证很漂亮，但我们今天相信相对论不是因为它应当是对的，而是因为测量证明它是对的。

　　相比之下，爱因斯坦的引力理论则是一种发明，而不是在实验室里偶然被发现的。科学家对它的正确性至今仍莫衷一是，更谈不上以实验检验。[5] 它的最重要的预言是认为空间本身就是动力学的。爱因斯坦给出的描述引力的方程类似于描述橡皮膜那样的弹性介质方程。当大质量的如恒星这样的介质发生形变时，传统意义上的引力效应就会表现出来。然而，如果源处于高速振荡状态，比如说两个星体在靠得很近的轨道上相互缠绕，那么就会出现新效应：引力以波动形式向外传播。因此，传统意义上的引力就像是打水漂的小石片下的涟漪，而引力辐射则是打水漂时造成的扰动。只有相当间接的证据表明引力辐射的预言是正确的，其中最有力的当属著名的双脉冲星一直稳步持续减少的轨道周期，这一双星系统是约瑟夫·泰勒和拉赛尔·赫尔斯于1975年发现的，[6] 但迄今为止尚无直接证据。直接探测引力辐射是现代实验物理学的中心目标之一，[7] 但大多数物理学家根据现有证据认为，爱因斯坦的引力理论基本上是正确的。

具有讽刺意义的是，爱因斯坦最具创造性的工作 —— 广义相对论 —— 则将概念化的空间概括为一种媒介，而他最初的论证前提是不存在这样一种媒介。空间可被看成是一种质料的观念其实古已有之，这可追溯到古希腊斯多葛学派，他们将其称为以太。在麦克斯韦心里，存在以太是肯定的，因为他要用之于描述电磁理论。他把电场和磁场都想象成以太的位移和流，并借助流体理论里的数学来描述它们。相反，爱因斯坦彻底否定了以太概念，并从不存在以太这一前提出发论证了电磁场方程必须是相对论性的。但同样是这一思想脉络，却最终让他又回到了一开始就抛弃了的以太概念，只是这时候的这种以太概念具有普通弹性物质不具备的特殊性质。

在理论物理学里，"以太"一词是一个相当负面的词，因为它总是让人想到它与相对论的对立。实际上，在大多数物理学家心中，它 121 的这种内涵早已剥去，被用来指称真空。在相对论的早期，人们认为光只能是某种媒质的波动，这种思想是如此根深蒂固，以至于爱因斯坦理论受到广泛抵制。[8] 甚至在迈克耳孙和莫雷实验已经得出测不到地球相对于以太的轨道运动的结论之后，反对者仍抱住以太不放，他们认为一定是地球拖着以太在一起运动，因为相对论就是神经病，不可能是正确的。这种反对派的叫嚣最终导致爱因斯坦没能因相对论荣获诺贝尔物理学奖。（爱因斯坦是拿过诺贝尔奖，但那是因为其他工作。）相对论实际上是说，宇宙间的物质无所谓存在或不存在，唯一有意义的是，这些物质如果存在，必定是相对论性对称的。

事实证明，这样的物质是存在的。在相对论逐渐被接受的年月里，宇宙辐射研究开始表明，虚空（empty vacuum）具有类似于普通量子固态和液态的谱结构。这之后，在大型粒子加速器上的研究使我们明白，空间与其说是牛顿的理想化绝对虚空，倒不如说更像一层窗玻璃。它充满了"介质"，这种介质通常情形下是透明的，但如果给予足够大的打击力，使其破碎，它就显出真面目了。现代意义上的空间真空概念，正如每天的实验所确认的那样，就是一种相对论性以太，只不过我们不这么称呼它罢了。

要说爱因斯坦是如何得出空间是一种媒介这一结论的，这可有一段迷人的故事。他的出发点是等效原理，就是说，所有物体，不论其质量如何，在引力作用下都是以相同速度下落。近地轨道上的宇航员感受到的失重就是这种效应。低轨道上引力拉力并不比地面上的小多少，正是这种引力作用使得宇航员和飞船一块儿落向地面。爱因斯坦从这个效应（确切地说，爱因斯坦1905年考虑这个问题时还没有宇航员）推断出，引力作为一种力，内在地看是虚设的，因为它总可以通过观察者及其周边环境的自由落体运动变为零。像地球这般大质量天体附近的重要作用不在于产生引力，而是造成自由落体轨道的会聚。乍一看，宇航员是垂直落向地面（一个不幸的实验），但不一会儿你就会注意到，物体在做这种自由落体运动时是逐渐彼此靠近的，这是因为所有近自由落体轨道都是指向地心并最终在那儿相交。爱因斯坦立刻意识到这种效应与经线在南北极的会聚非常相似。在经线的情形下，直线轨道之所以出现会聚是因为地球的曲率。正是这个一闪念，爱因斯坦猜测到自由落体轨道实际上应是高维曲面上的经线，之所以出现引力是因为大质量张成了这个曲面并造成它弯曲。于是他又得出了第二个结论，这就是今天我们所熟知的描述质量与曲率之间关系的爱因斯坦场方程。这些方程都要考虑相对论效应，因此包含着同样的同时性疑难。也正因为这一点，它们被更准确地描述成能量动量张量与四维时空曲率之间的关系。这组方程预言，空间除了广延性质之外还具有波动性质，这是它服从相对论原理，即运动对称性原理的结果。它与我们的物理直觉是一致的，其传播性质与地震产生的沿地表传播的地震波性质一样。

广义相对论哲学与这一理论实际所说的东西之间的矛盾始终未能被物理学家调和，并且常常带出卡夫卡式的主题。一方面，基于相对论的成功，我们认为空间是一种完全不同于在其中运动的物质的客观实在，因此不能按通常的事物逻辑去理解。另一方面，我们看出在爱因斯坦引力和真实曲面的动态卷曲之间存在明显相似性，这使我们能够将时空描述成某种组织结构。青年学生一定会拿这个问题问老师：当引力辐射传播时是什么在运动？答案是时空本身。这个答案让他们一下子僵在那儿。[9] 其实这就像海面的波浪起伏，海面就是这起伏的波浪。聪明的学生对这种问题不会问第二遍。

学生的好奇心既不能说幼稚也并非不恰当。广义相对论的宝盒里确实藏着一件家丑，那就是宇宙学常数。这是对爱因斯坦场方程的一项修正，目的是使之与相对论相容。宇宙学常数具有相对论以太平均质量密度的物理意义。爱因斯坦最初将该常数设定为零是考虑到这种效应似乎不存在。当时人们认为，真空就真的是空无一物。但宇宙学观察表明似乎不是这么回事，于是爱因斯坦又将该常数设定为一个小的非零值，后来，随着新的观察事实的出现，他又再次将它去掉。[1] 近年来，随着天文观测技术的发展，人们已可以用超新星来度量天文距离，这个常数的非零值又成为时髦。[10] 然而这些调整都没有涉及更深入的问题，那就是由于存在如我们所知的放射性和宇宙辐射，因此就没有理由不认为为什么宇宙学常数不可以是非常大 —— 比通常物质密度高上几个量级。这个常数取值足够小这一事实告诉我们，弥漫于宇宙的引力和相对论质量之间的基本联系是以我们迄今未知的某种神秘方式出现的，否则的话就会出现大麻烦。

124　　将时空作为一种具有类物质性质的非物质的观念既不合逻辑，也与事实不相符。但它是出自相对论有效性这个旧瓶的一种新的意识形态，其核心是笃信相对论的对称性与所有其他的对称性都不同。它不会在任何尺度上以任何理由遭到破坏，不论这个尺度是多么小，即使是在基本方程永远无法确定的小尺度上依然如此。这种信仰也许是对

---

1. 作者的这段叙述过于抽象。在爱因斯坦最初导出的场方程中，所谓宇宙学常数是一个意义不明确的任意常数，可以取为零，但这样得到的解不是静态解。要知道这事是发生在1917年，那时哈勃定律（1929年）还没有发现，在人们的认识中，宇宙只是由银河系和想象的河外虚空组成，连仙女座都还没能确定是否在河外。因此爱因斯坦出于宇宙应当有静态解（即宇宙总体上应是静止不变的）的先验考虑，将这个常数设定为一个非零小量，其意义是这一项应当充分小，以保证在通常天文观测尺度上引力场不起重要作用（即牛顿引力理论是一个很好的近似），但在宇宙学尺度上不可忽略，这也就是这个常数得名宇宙学常数的由来，它给出静态宇宙解。但后来哈勃通过观测数据发现，所有星体都存在退行，即宇宙是膨胀的，于是爱因斯坦又去掉了这一项，并认为引入这一常数是他一生中所犯的最大错误。近年来，随着量子场论的发展，真空基态能量密度是否为零的问题再次成为这个常数去留的关键，详见俞允强著《广义相对论引论》（北京大学出版社，1997年第二版）第8章第11节宇宙常数问题。——译者注

的，但这里有太大的思维跳跃。人们可以想象，月球上的生物同样可以运用这些推理，他们的顶尖学生因为提出"地球是由什么构成的才使它成为圆的"这样的问题而遭到呵斥。这显然是不公正的，因为地球并非绝对的圆而是可看成近似于圆。地球上还存在一些空间尺度小于在月球上可用肉眼分辨的地表细节，诸如科罗拉多大峡谷、帕米尔高原、阿空加瓜山[1]和乞力马扎罗山[2]等。观测技术的进步最终将会证明，学生的问题是正当的，至少应容许他保留这种不服输的劲头。你会发现，地球不是完美的圆形，至多只能算是近似的圆，原因是组成它的岩石在地层内的高压下呈弹性态，因此地表上的大物体都存在缓慢的沉积作用。

尽管绝对对称性概念已经嵌入我们的科学信仰之中，但它毫无意义。对称性是由事物引出的，而不是事物的原因。如果相对论总是对的，那么就一定有一个基本理由。逃避这个问题只会导致矛盾。因此如果我们打算写出描述真空光谱的相对论方程，我们就会发现，除非预先假定要么相对论，要么度规不变量（一种与引力同样重要的对称性）在极小距离上不成立，否则这个方程得不到数学解。迄今还没有发现有什么有效办法来解决这个问题。弦论最初就是针对这个问题提出来的，但至今尚未成功。弦论不仅维数多得出奇，而且在小的长度尺度上也有问题，这些小维度更难琢磨。还从没有人能证明这个理论可以在长程上演化到标准模型，而这是任何一个与实验相容的理论所必需的。125

因此，对"空间真空就是一无所有"这一命题的稚嫩观察并不那

---

1. Aconcagua, 位于阿根廷境内。——译者注
2. Kilimanjaro, 位于坦桑尼亚境内，非洲最高的山。——译者注

么幼稚，而是光和引力相关联并且两者可能都具有集体性质的强烈表现。真实的光如同真实的量子力学声能，其能态即使在极低温度下也不同于牛顿的理想化概念。按照相对论原理，这个能量应能产生质量，从而造成引力。我们没有理由认为它不能。这样看来，我们目前处理这个问题采用的是政府强权式的方式，即简单宣布虚空无引力。这种肆无忌惮的方式堪比印第安纳州议会通过法令宣布 π 的值为 3。[11] 这也说明了这个问题的严峻性，因为尽管原则上能做到，但实际上我们不可能进行这种测量。从微观上三言两语地打发掉引力疑难的这种企图也正是提出超对称的动因，超对称性是一种为每一个已知基本粒子配以互补粒子的数学构造。[12] 一旦在自然界找到一个这种超级配对粒子，还原论对虚空的解释就会希望大增，但这种好事没发生，至少到目前为止还没发生。

　　如果爱因斯坦能活到今天，他一定会对事情的现状感到震惊。他会责备这个行当怎么把事情搞得这么乱，并对把他优美的创造变成一种教条而且还衍生出这么多逻辑悖论感到无名火起，十分恼怒。爱因斯坦是位艺术家，一位学者，但首先是一位变革者。他的物理学方法可以总结为假设极小化、永远不要与实验争辩、追求总体逻辑协调性和对无事实根据的信条保持警觉。他那个时代的未经证实的信条就是以太，或者更确切地说，就是相对论之前的原初版本的以太概念。我们这个时代的未经证实的信条则是相对论本身。依他的个性，最好是重新检验事实，将相对论那一套彻底忘却，并归结为他的相对论原理不是基础性的，而是突现的 —— 是构筑时空的物质的一种集体特性，其空间性质是长度愈长愈显精确，而在短程上失灵。这是一个不同于他原初设想的概念，但逻辑上更协调，甚至更令人振奋也更具有潜在重要性。它意味着时空的组织构造不只是生命繁衍的平台，而且是一种有序的组织现象，甚至可能还不止这些。

第11章
小饰件的嘉年华会

127　　这种冒险的未来是什么？最终会发生什么？我们一直在猜测各种法则，还有多少法则有待我们去猜测？我不知道。我的一些同事说我们科学的这种基本特征还将持续，但我认为，譬如说在今后一千年里，肯定不会再有无休止的创新了。这种事情不可能一直这么延续下去，使得我们能够不断地发现越来越多的新的法则。如果我们这么做，事情很快就会变得令人乏味，法则的层级一层叠一层，太多了。在我看来，未来会发生的，要么是所有的法则变得已知——就是说，如果你有了足够多的法则，你可以计算出各种结果，它们总是与实验结果相符合，这怕也就走到尽头了。要么是实验变得越来越难做，花费越来越昂贵，这样就算你检测到了所有现象的99.9%，可你会发现，总有某种已发现的现象是难于检测的，或是与其他现象不一致；一旦你试图解释一种现象，就会牵扯到另一种现象，事情进展会变得越来越慢，越来越无趣——这是另一番结局。但我认为事情不是这么就是那么收场。

——理查德·费恩曼

自然界的许多事情是自发组装到一块儿的。虽然科学家吹嘘自己 ¹²⁸ 是绝顶聪明的分子建筑师，但实际上我们更像刮地的俄克拉荷马龙卷风，在造成大规模破坏的同时偶尔留下一点有趣的结构。人们在建构并观察自然界自组装时感到的自豪就如同一个父亲看见儿子在绿茵场上的卓越表现所感到的自豪一样。这确实是"我的儿子"，但它的实际建构方式则显得业余和零乱，远远谈不上有必胜的把握。即使是在完全相同的实验条件下，每次实验都可能产生不同的结果。强尼在那儿尽情表演，那是他性情使然；我搭了台，但表演什么，那是他自己的事了。

许多年前，在我成为斯坦福大学一名教师的时候，我在自组装方面有过一次难忘的经历。之前我在这个领域虽然学过些入门课程，但像大多数物理学家一样，在计数和古老的化学等方面的准备极不充分。当我接手新工作时，一切都变了，我的任务包括参与撰写我所在的材料实验室的交叉学科技术年度总结。这事不仅相当严肃而且非常重要，它展现了我的专业技能之外的许多能力，是我迈向新领域研究的第一步。

在我整日埋头于我的第一篇综述期间，我看到一份由电子显微镜专家撰写的报告，感到无比震惊。这个人的工作是拍摄材料表面形貌——大多数无机晶体的局部生长是出于其他目的，其尺度要比普通光学显微镜的分辨极限还要小，大约是几十个到几千个原子排列长度的这个量级，这也是大多数生命活动的特征长度。她的报告与其说是专业研讨会用的报告，还不如说是《国家地理》杂志的一篇关于埃

129 斯卡兰蒂台阶[1]或喜马拉雅山脚的特写更确切。她展示了一系列令人惊异的形貌，没有两张是一样的。首先是带有犬牙交错的峡谷和峰峦的层叠状高原，它们的垂直落差之大，不仅使悬崖峭壁投下的阴影清晰可见，也使得藏宝的复杂洞穴暴露无遗。接下来是一组矗立在镜面般光滑的平台上的完形金字塔状岛屿，一个极端抽象的吉萨[2]，就像一幅萨尔瓦多·达利[3]的画《矩阵》。再接下来是森林般密布的小凸起物，它们就像安装在平湖岸堤边的一个个奇形怪状的滴水嘴，或者说就像长着菜花般脑袋的渴极了的外星人降落到新英格兰来找池塘。在这之后，是山头覆盖着冰帽的崇山峻岭，就像你乘飞机飞越阿斯彭[4]或加德满都时看到的情形一样。图片一张接着一张，我深深地体会到，我面对的是一位天才，我的工作中还从未出现过如此精彩的奇观。

　　然而在科学上，如同在其他领域一样，错过一次明显的投资机会未必不是件塞翁失马的幸事。在这段回顾总结的时间里，我承担了多项学术任务，当然我不可能每一项都亲自落实，我要做的就是从理论上对这些奇妙的效应予以解释。一年很快过去了。我们又有了另一次回顾总结，电子显微镜再次提供了一大套图片，而且与上次的毫不重复，张张令人惊奇。我再次受到震慑。这个人除了会将样本放到显微镜下观察之外，其他什么都没发现。在电子显微镜可分辨的尺度上，

---

1. Escalante Staircase，位于犹他州南部，占地170万英亩，属于国家名胜古迹区，包括恐龙化石和古代阿纳萨基印第安文明的遗迹。对它的保护建设是克林顿任内最重要的环保成就之一。——译者注
2. Giza，埃及的一座城市，金字塔和狮身人面像均建在该市。——译者注
3. Salvado Dali（1904—1989），西班牙超现实主义画家。其创作理念源自精神分析学家弗洛伊德的潜意识和偏执狂的批判方法。代表作有《记忆的永恒》《欲望的幽灵》《纳希瑟斯的蜕变》《带抽屉的米罗维纳斯》等。——译者注
4. Aspen，位于科罗拉多州首府丹佛市西南，为极具盛名的滑雪胜地。——译者注

每一个表面形貌看上去都挺有趣。就像要拍出南犹他州的模糊照片需要大智慧一样，要想用电子显微镜拍出一张模糊的照片也需要大智慧。在这个大小尺度上，自组织强有力而复杂的原则在无生命世界里非常管用，伴随着晶体生长过程会出现很多意想不到的结果，尽管我们完全掌握着基本法则。

第一次看到这些结构，甚至连顽固的还原论者都会驻足并怀疑它 130 们是否是由某种不同于基本量子力学的机制引起的。这是一件用简单微观法则来解释晶体中原子排列有序性的事情，而在复杂的类生命结构和形貌的情形下，特别是那种我们无法从第一原理来论证其形状为何呈突现性的情形下，自组织原则同样大行其道。但这一普通而十分合理的观点却总是姗姗来迟。在一个有着众多组成部分的世界里，复杂性并不罕见，倒是复杂性的缺失才显得不寻常。物理上的简单性是一种突现现象，而不是一种数学上自明的状态，它的任何偏差都会让人感到莫名焦虑。

如果你将"复杂性"一词代换成"随机性"一词，在解释和为这一论断辩护时或许会变得容易些。譬如你掷一次色子，随机出来的是数字3。这就是说，你事先不知道会出现哪个面，事情是不可预测的，而且不可预测的程度取决于所有可能出现的情形的次数，在这个例子中，这个数是6。一旦一个数字——譬如3——被选中，这个数字本身就不是随机的了。说色子的任何一个具体的面是"随机的"，这话没意义。类似的，对一个孤立的形状来说，说它是"复杂的"，这话也毫无意义，只有从众多可能性中挑选出一种形状的物理过程才谈得上是复杂的。当我们说一个形状是复杂的，我们的真正意思是形成这一形状的物理过程是不稳定的，轻轻一碰就可能产生其他各种形状。类似的，如果一个物理过程能够保证每次都产生相同的形状，即使外界干扰甚为强烈，结果亦不会改变，我们就说这种形状是简单的。

你很容易想象，像生命这样的模式很可能是突现的

　　一旦你明白自然界的这种简单性是个例外而非通则，你就很容易想象，像生命这样的模式很可能是突现的，如果微观环境适宜的话。要证明这种突现性是不可能的，但我们有可能证明这种突现性是合理且不违反常识的，借助复杂性理论就可以做到这一点。复杂性理论是20世纪70年代诞生的一个数学分支，它将混沌、分形和元胞自动机等研究归于一类。[1] 复杂性理论的目标是要将物质的运动方程加以简化和抽象，使得其可以用计算机来可靠地求解。但这种抽象是与魔鬼达成协约，因为由此产生的方程严重扭曲了描述对象，使你不再能得到对自然的真实表示。因此复杂性理论的价值仅限于说明复杂模式的突现性是合理的这一点。它提供不出任何自然现象的预测性模型，因此这肯定不是一种全新的思考方式。[2]

这一模型的一个简单例子是山脉的分形性。[3] 计算机化了的地图网格被一次次地细化，每一次赋给新格点的虚拟高度是取老格点附近区域高度的平均值加上一个随机增量。随着细化过程越来越深入，这个随机增量的取值也越来越小。人们用由此产生的高度来模拟真实山脉的轮廓。这种仿真非常有效，经常被用作电影的背景。像这样 ¹³² 运用的还有它们的近亲：分形的云、分形的海岸线和分形的蔬菜（菜花）等。仿真山脉分形的物理过程被预先假定为聚集过程，这是一种表面增长的过程，其中原子从干枝被扩散到它遭遇碰撞的第一个点，整个过程由此以遮盖一小片的代价换得一大片结构的增长。在关于扩散置限聚集（diffusion-limited aggragation, DLA）的大量参考文献里，有许多由计算机生成的漂亮模式，它们看起来就像冬天窗玻璃上结的叶状冰晶花。[4]

另一种复杂模型——因第一次被发现而富于传奇色彩——是约翰·康威（John Conway）设计的游戏程序《生命》（Life），一种最初因《科学美国人》中马丁·加德纳的"数学游戏"专栏的介绍而流行的元胞自动机。[5] 这里生命由带标记的方格构成，这些标记在虚拟时钟的每一次嘀嗒声中按下述规则从方格中除去（死亡）或被加到方格上（诞生）：

1. 除非一个标记周围的8个邻位中有两三个被其他标记占据，则该标记死亡；

2. 如果一个空位周围的8个邻位中正好有3个被其他标记占据，则该空位上诞生一个标记。

生命标记的产生模式可与从晶体到小生命等各种自然现象类比，各种类比已由乐此不疲的玩家共同体给予了各种稀奇古怪的命名。譬如我们有称为鸡笼（一种轻质六角网眼的铁丝网）和洋葱圈（洋葱片涂上面包屑烤制出来的食品）的平稳的空间填充型结晶模式，有类似野兔和母牛的小的孤立分子构型，有像马眼罩和癞蛤蟆的环状构型，有如同河豚和狂龙的直线运动构型，等等。与它种构型形成干涉的构型称为反射物和食客，整个一座复杂的高等生物组成的动物园，其中还有莲花座、出水口、爬犁、杯状钩、蜂巢、复印机、火山、航空母舰、法式吻等，不一而足。

133　　　我们对物理上的自组织和对其仿真的自动化技术这两方面都很感兴趣。对此我们常常很难用几句话来说清楚，但有两个干巴巴的却很为政府部门喜欢的聪明解释，它们也经常出现在大量技术性报告和重要建议书中。其一是我们对生命如何从原子层次突现产生这一点充满好奇 —— 人们怎么就能做到一旦将少量化学物质混合起来，立刻，一个可爱的小生命就出现了。其二是我们梦想着制造出各种新颖称手的工具和实用产品，譬如能够对有害气体进行早期预警的报警器，或将剩余的香蕉皮加工成汽油的装置等。当经验逐渐累积，人们不再满足于小打小闹，而是寻求制造出仿真生命或能够带来健康效益的装置如自组装机器人、抗癌药或截肢者用的新假肢时，这个问题就显得突出了。

当然，我们感兴趣的真正原因并不是上面提到的这些，而在于我们内在地就有一种迷恋各种小玩意儿的倾向。我们所有人都有收集自己"感兴趣"的东西的强烈本能，即使这些东西没什么用。正是利用了人们的这种心态，昂蒂布和索萨利托[1]的纪念品商店才能够以出售打磨的石头来赢利，即使人们在海滩上自己就能拾到同样的石块，即使要有大智慧才能认识到打磨并不能使得石块变得美丽。这也是为什么我们中的许多人会拥有众多的私人藏书，而其中的大多数都不曾读过；许多人会拥有成箱的我们从不曾见过的大峡谷玛吉大婶的老照片；许多人的车库里会塞满了东西，多到车都开不进去。这也正是伊梅尔达·马科斯[2]会拥有那么多双鞋子的原因。迷恋各种小玩意儿的倾向还使得生意场上出现了一种全球性的怪现象——巨大的圣诞商场：三层楼高的圣诞树，上面缀满了装饰灯、布娃娃、伐木的小机器人，黑森林般的塑料冷杉上结着塑料做的霜雪，还有数不尽的儿童游戏木马、小椅子、小萨克斯管、小的皇家禁卫军卫士、小绵羊、小三角钢琴、小红玻璃球、大红玻璃球、蓝色玻璃球、金色玻璃球、花哨的俄式蛋状玻璃球——有些玻璃球内还嵌着微型电动火车，以及基督诞生所在的育婴堂、八音盒室、天使居、布谷鸟报时钟室以及各大信用卡都能用的现金出纳机，甚至在七月，"平安夜"的背景音乐也是无休止地播放着。当去年[3]十一月我在日本目睹了圣诞树已摆到了酒店大堂，听到圣诞颂歌传入电梯时，我意识到这种情况已完全失去控制。为了不让人指责我只是不公正地把矛头指向了深谙商机的基督徒们，我再谈点在特拉维夫机场遇到的情形。机场的商场里满是来自圣地的大宗航空罐头，机场外，所有的阿拉伯商店沿苦路[4]一字排开，出售的商品有水烟筒、铜壶、铜质烛台、台湾产的十字军东征棋

134

---

1. Antibes，法国东南部渔港和度假胜地；Sausalito，美国滨海小镇，位于加利福尼亚州旧金山金门大桥以北的马林县。——译者注
2. Imelda Marcos，菲律宾前总统费迪南德·马科斯（1917—1989）的夫人，以收藏名牌鞋帽而著称，1986年马科斯政权倒台时，人们在总统官邸发现她拥有的名牌鞋子就达3000双。——译者注
3. 指2002年。——译者注
4. Via Dolorosa，苦路，耶稣前往殉难地Golgotha所经之路。——译者注

具、色彩鲜艳的巴勒斯坦日历以及各种形状和大小的耶稣受难十字架等，摊位一直排到圣墓大教堂。

　　我的搞电子显微镜的同事展示的结构是我称为纳米小饰件的原型，这些迷人漂亮的结构是在小尺度上自发地发展起来的，至今除了可供娱乐之外还不知道有什么用。显微图形的大小尺寸可以一直小到几千个原子那般大小，因此称它为微型小饰件再合适不过，但我宁愿给它加个前缀"纳米"，因为这样就更一般了。就像单词"xerox"和"kleenex"[1]，"nano"现在已经一般化为"非常小"的同义词，因此"nanobauble"（纳米小饰件）实际上就是微型小饰件。

　　当然，我创造这个词的目的是要嘲讽纳米技术——那种在纳米尺度上控制物质的新技术，虽然从表面上看，这项技术将引导我们走向更辉煌的明天。这种嘲讽的需要不是一眼就可以看穿的，因为毫无疑问，在纳米尺度上，新组织法则是突现的，这一法则对生活有潜在影响，而且一些重要的发现还有待做出。然而，在你耐心听完对所有那些毫不重复的惊人照片的介绍，了解了永无休止的调查和似乎总不到位的争辩之后，你会明白这种需要是真实而明显的。就像你登录互联网，用谷歌（google）搜索"抵押贷款利率"会出现一大堆让你无所适从的信息一样，纳米尺度也不是一两句话就能说清楚的。输入"纳米"词条，你得到的是海量的各种尺度——一页页色彩斑斓的条目似乎都与此有关，可没几条是解释到位的。我曾看过一个电视秀，演员托尼·兰德尔做了个被鸭子啃到死的滑稽表演。我们现在的情形

135

---

1. xerox，施乐，最早的静电复印机品牌，现在代指静电复印；kleenex，最早的湿纸巾品牌，现在代指湿纸巾。——译者注

就是那样。尽管当今关于纳米尺度的知识出现了难以名状的爆炸性增长，但所有这些几乎根本就不重要。在这种状态下来预言重要的新技术，无异于从圣诞装饰的存在来预言激光。

仔细审视可以发现，即使是工业上很重要的那些纳米技术的实现，也都是源自灵感而非率性的纳米小饰件。纳米管，一种由若干个纯碳原子组成的细小香烟状结构，因其有许多潜在的应用价值，从而看起来似乎是个反例，但这种表面认识是不对的。[6] 许多纳米管的应用——譬如给塑料添加导电性——依赖于化学，并可通过其他方法来实现，而诸如纳米管动力型微型潜艇那样的应用则像艾萨克·阿西莫夫的《奇异的旅行》，属于科学幻想。[7] 纳米豆荚（nanopeapods）——一种在某些位置上置换了个别小分子的纳米管——倒的确是纳米小饰件，[8] 像这样的还有所谓纳米绳（nanoropes），一种卷折的六角形结构。[9] 具体到半导体纳米晶体的情形，这种材料因其具有类似有机染料（通常做成半导体块）那样的荧光性质而常见于最近的新闻报道，它们的各种形状就像康威的《生命》中产生的生物体，并由其发现者取了富有想象力的名称：哨棒、泪滴、箭头、四足兽、四足兽亚类和犄角等。[10]

在其他方面极富逻辑性的人们如何会把注意力集中在这类明显不重要的事情上，这倒是个有趣的问题——在我看来，答案最终必须到还原论信仰的诱惑力中去寻找。纳米尺度物体应当可控的思想是如此诱人，以至于人们对那些不可控的大量证据视而不见。这种思想 136 也渗透到我们用来描述纳米小饰件的语言中，它着重把与微观物体的物理类比当作一条使描述对象具象化的途径。然而，纳米结构并非微观客体，当你剥去那些华丽的辞藻和计算机图像外衣，描述实际实验时，这一点就会变得很清楚。例如，纳米管并不是一次添加一个碳原子那样构造出来的，而是通过对由强激光打碳靶或碳弧燃烧产生的烟尘进行化学分离而得到的。半导体纳米晶体也不是像模式化的，印制线路板那样制造的，而是在光照下用氢氟酸进行大功率电化学刻蚀制成的，或将普通晶体研磨成粉末，[11] 然后将它快速注入到热洗涤剂中来制成。这样的例子层出不穷，不胜枚举。当我还是年轻教授时，我遇到过这种表面预处理情形，产生这些材料的实际过程都是高度组织化的。人们实际控制的不是他们的目标，而是温度、流速、基片取向或其他某些化学条件。

具有讽刺意味的是，这种假象因当代强有力的测量手段而得到强化，据称这些手段通过纯粹的技术至上的思想就能克服所有现存的基本局限性。要看穿这一骗局，我们就必须了解这些仪器是如何工作的。例如，纳米小饰件的电子显微镜图像或扫描力显微镜图像的取得总是先将样本固定在大质量台架上，然后调节仪器，取完整结构作为观察对象。有了固定的观察对象，你便可以方便地收集样本信息，慢慢构建新颖的图像。如果对样本不加固定，你就只能先拍照，这要求有一定的辐照强度，而那样的话，就有可能烤干样本。（这种情形正是眼下关于如何利用基于加速器的X射线源的讨论所涉及的内容，我们希望能在样品被毁之前得到些信息。）从这一事实得到的必然结果是，137 我们不可能在纳米小饰件生长的同时得到其图像，因此也就不可能杜撰它们为什么存在的各种理论。甚至目前已不时髦的蛋白质X射线结构分析都是利用蛋白质结晶 —— 一种突现过程 —— 来作为分析的第一步。因此，从实用角度看，所有纳米尺度的测量都是在某种突现性集体现象基础上进行的，所有结果都是对表面上理解了的事情的一种做作的、高度人为操控的表达。

　　你所"看到的"与你能够直接影响到的对象之间的这种不一致性使人联想到医学上的某些熟悉的情形。我有个叔伯，是个神经外科医生，他曾邀请我去他医院帮着查看一下脑的磁共振图像。这件事缘于一次晚餐时的交谈，他问我对这种成像技术怎么看，我以明显狂妄的物理系学生的口吻回答说，这是不可能的。那时我还不懂在测量室内磁场强度可以设计得逐点不同的诀窍，更不知道运用这种技术的商用产品已经面世。他对我的反应感到非常好笑，专门抽出时间让我看了他收集的资料，其中不仅有很有趣味的解剖学图片，而且还有可怖的恶性肿瘤方面的图片。他感叹道，医学诊断技术的发展步伐已经超前于治疗能力 —— 事实上，这些都是已去世的人的图片资料。这种不协调使我一时竟不知所措，事后我意识到我看到的只是神经外科的一些皮毛而已。

　　由于地球的客观环境 —— 温度、昼夜的时间间隔、化学条件等 —— 的限制，大多数自组织方面的例子要么源自化学，要么与原子聚集状态（而非某种粒子）有关。我们还知道一些来自纯粹核子的事例，通常这些是原子核本身或满足同位素稳定性法则的核，以及来自纯电子的事例，如介观磁性（mesoscopic magnetism）或威格纳晶化，[12] 但这些事例不是那么容易看出，需要非常尖端的设备才能检测出来。因此，与人们能够想象的出现在不同于普通化学环境下的类

138

生命的行为不同，支持这些概念所需的实验就目前看来费用极其昂贵。有趣的是，许多化学家认为自组织现象是化学上独有的，并将它看成是化学与物理之间的实际分界线。这种划分有时会产生很有意思的结果。我曾经在晚宴上与遗传复制酶DNA聚合酶的发现者亚瑟·柯恩伯格（Arthur Kornberg）相邻而坐，因而与他有过一段令人难忘的关于生命机制的谈话。当时我犯了个错，认为所有事情都可以归结为物理问题。他听了没再继续讨论，而是耐心地向我解释还存在许多化学作用机制，谈话主题发生了变化。我这可怜后生以前早已听腻了这些说教，对他关于那些既不可测量也不对实验结果产生任何影响的力学原理的喋喋不休的讨论更不感兴趣。从这场谈话我得到了教训，在与生物化学家尤其是受过医学训练的生物化学家的严肃谈话中，不要用"物理"一词。

在谁更准确地把握了突现性的自组织概念这一问题上，物理学家和化学家之间的冲突有其重要而绝对非关科学性质的人类心理学方面的根源：对我们大多数人来说，把握一件事情与能够控制它是同义语。例如，我不了解我的孩子，实际上就意味着我无法做到让他去做我要他做的事情；不了解我的车就意味着我将多耗油，或空耗，或发动不起来。你常听人们说：我真弄不明白这电话费是怎么扣的；我搞不懂政府是怎么管理的；我不知道异性是怎么想的。但你从不会听他们说：我搞不懂我家的洗手间；我不了解我们家花园的喷水管；我吃不准这种芹菜的口感。从化学家的观点看，理解一件事情通常意味着制造并观察它，更多时候还带有比别人更早地做到这一点的意思。而从物理学家观点看，理解一件事情意味着给它归类，并且确信这种归类是正确的，包括将它与其他类似事物联系起来。沃尔夫冈·泡利的

"称它为错都是抬举它了（not even wrong）[1]"可以说把物理学的精髓给说到骨子里去了，但对化学来说则风马牛不相及。因此，在何谓理解这个问题上有着太多的误解，就像一个来自火星，另一个来自金星，两者对不上话。

不幸的是，就在科学家为谁是宇宙更伟大的主宰吵得不可开交的当儿，纳米小饰件登场了，它一来就以随意倍增的姿态取代了传统而成为关注的焦点。其阴险的计划是要改变游戏规则：人们发现的这种小饰件越多，就越难以归纳出其性质和搞清楚其谱系渊源，因此也就越容易只见树木不见森林。事实证明，纳米小饰件既非来自火星，也非来自金星，而是来自外层空间。

当然，我们实际体验的并非外层空间生物的入侵，而是科学范式的转换——我们对各种事件的思考方式的大范围重构。如果我们从远处来看如下问题，这种转换就会显得很明白：这些小饰件的嘉年华会代表着人类与大自然相互作用的一个新的方面，我们要把它变成科学就需要创新——即需要这样一种社会结构，它能够将旧有的各个学科分支整合为适于从中抽取出超越各部分之和的具有更大整体性的某种东西。还有一点也很明显，那就是这种情形至今尚未出现。

---

1. 著名的理论物理学家沃尔夫冈·泡利将犯错误分三类，分别为"wrong""very wrong"和"not even wrong"。哥伦比亚大学数学家Peter Woit最近就把泡利的这一名言作为书名，将弦论称作"not even wrong"。他批评弦论不是基于可验证的推理，而是依靠漂亮的数学公式，因为拥护者的地位崇高才成为物理界的一大流派。在科学上，如果一种观点在逻辑上不具有可错性（Falsifiability），它不叫错，而叫not even wrong（称它为错都是抬举它了）。那什么是not even wrong？我们可以来引用一下阿西莫夫在《错误相对论》里打的一个比方："当人们认为地球是平的时，他们错了；当人们认为地球是球形时，他们又错了。但是如果你认为这两种错误是对等的，那么你犯的错误比这两种加起来还大。"——译者引自http://www.jingmingyan.com/modules/planet/transfer.php/28521/print。

　　作为这些体制性缺陷的部分结果，眼下纳米物理及其与生物学之间界限的状况可不像西部电影那样能够来一次愉快的学术性撤退。在西部片里，在逍遥自在的牛仔用犁和栅栏来对付内战的同时，经营铁路的公司则在通过行贿立法部门悄不吱声地买下了所有土地。但这两者间有一定的相似性，这并不意外，从规模上和其中的自组织原理的运作上说，这不过是将地理上的开拓转换成了当代科学前沿。对我们大多数人（娘娘腔的胆小鬼除外）来说，这里是令人振奋的地方，是自然的家园。在当年蛮荒的西部，个人的行为准则不是那么明确，因为那里还没人管。那时整个社会还处于充满机会的混沌状态，人们忙着先立桩宣示所有权，然后才是提问题，尽其所能地搞经营和过日子。到处都是大把的赚钱机会，一大笔财富刚创造出来，就在几把牌局中或在小镇肮脏的街头决斗中失去了。还有上等土地和矿产方面的骗局，大量蛇油和专利医药被变卖。现如今跟那时一样，在无法律约束的荒野上闯荡，始终都有机会得出极为重大的偶然发现。

　　开拓的机会多多，但你始终没能把握住，面对如此局面，有时真的很难让人坚信还一定能做出发现，至少在我们目前的情形下是如此。然而，在屈从于诱惑并放弃之前，我们不妨回顾一下上一代人所面临的问题有多困难，看看他们是如何勇敢地追寻着大自然留下的线索来取得突破并解决问题的。在探索神奇的自然色的过程中，人们发现了多种化学原理，并最终导致发明出苯胺染料。在解决石料的矫形问题过程中，人们发现了半导体原理，并最终导致晶体管的发明。在每一个这样的例子中，每一步进展都要求有全新的思想为基础，这些实践的意义要在其成功之后很久才会为人们所认识。今天，我们正在设法弄懂生命的奇迹和与此相关的纳米尺度上的组织原理。有人认为

140

这个问题不可能解决，但我不这么认为。正如我们在发明各种有机染料、半导体和所有其他业已商用并融入我们生活的技术奇迹遇到的情形一样，现在我们同样具备了解决生命问题的重要信息，大自然已经给出了提示。应当承认，这项探索已经经历了相当长的时间，但其他[141]探索不同样如此吗？

我曾与我的一个儿子和两个朋友在约塞米蒂以北的偏远乡下度过一段日子。按照计划，我们准备8月动身，主要是考虑到水的补给问题。山里入夏之后很少下雨，山上最后一点积雪也早已融化完毕，溪流干涸，因此这趟旅行必须沿几个尚存的湖来规划路线。天气炎热，到了林木线[1]之上，满眼尽是不毛的岩石和沙砾，这种地貌延绵的区域之大堪比恶劣的沙漠，尽管其海拔非常之高。

行程到了第三天，我们必须穿越这片狭长险恶的沙漠地带，而且预计勉勉强强能够赶在太阳落山之前到达地图上标示为"不适于露营"的一个小湖区。实际上要到达那里也没有第二条路线可供选择，因此我们决定不顾警示，排除任何艰难困苦，一定要赶到那里过夜。大错就此铸成。当我们花了一下午时间，精疲力竭地走出了这片寸草不生的荒漠来到这个湖区之后，才发现它是一片芦苇丛生、蚊蝇肆虐的乱石浅水坑，一片难以接近的宽阔的泥沼，上面印着鹿和牛的蹄印。更有甚者，这片沼泽地还弯成月面弧形，其唯一可取之处是可以一览无遗地看到棕熊道（Brown Bear Pass），第二天早上我们正是从这条道生还的。

---

1. the tree line，地理学术语，指树木能够生长的海拔上限。——译者注

那一夜我太疲惫了，严重的脱水甚至让我起了放弃余下行程的念头，特别是想到谁也无法保证下一站是否有水，就更让人不寒而栗。实际上，我一直在担心可能出现这种情形，白天就向一位路遇的牧马人打听过哪儿是下一个取水点。他说离这条道两英里远的地方有，但142 不能肯定，因为他已经好几周没去过那儿了。尽管不确定，但毕竟有了可选择的余地，几个年轻人再也不想待在沼泽地里了，强烈要求动身前往，最终我们决定赌一把。

于是，我们怀着置之死地而后生的决心，无言地踏上了长长的陡坡。坡越来越陡，最后变成了无尽的"之"字形，当我们刚打算登顶时，光线就没了。这条道的另一侧是一道垂直向下的坡面，穿过山影和犹如脚踝骨般凸起的巨石直达河床干涸的谷底。我们下到了岩崩的底部，正打算打开手电寻找下到谷底的通道，这时我听到了一阵细微但确切的流水声，这是悬崖下柳荫遮盖了的一汪泉眼发出的声音。我们得救了。

我已记不起来那晚上的其他细节了，因为身体长时间没能及时补充盐水，我有点神志模糊，但总算熬过来了。我们在一块花岗岩石板上生了堆小火，弄了点极普通的干粮充饥，然后钻入各自的睡袋，美美地进入了梦乡。但我清楚地记得：四周是柳树和狗尾巴草，漆黑的夜空一边衬着峭岩，另一边则燃放着银河的光辉，溪水在喃喃低语，偶尔从岩壁反射来一阵低沉的风鸣声。一只丛林狼也嚎叫着下到谷底，但它最终还是倦了，掉头走掉了。

    野外有许多人迹罕至的源泉，甘泉之美不为人所知。但要发现它，你就得制定超越具体部分的目标，研究土地。当你误解了某事时，你得自己权衡，最后还得相信天命。

第 12 章
保护的暗边

大自然习惯于隐藏自己。

—— 赫拉克利特[1]

143　　　每个沉迷于逃避现实的人 —— 其实我们每个人多少都会有点 —— 都知道系列影片《星球大战》里不朽的力的暗边（the Dark Side of the Force）。这个重要的虚幻势力就是斯多葛哲学家所谓自然秩序里的邪恶面，一种被用来了解宇宙的第一原理和物质。暗边总是潜伏在那里伺机捣乱，强者不受它的诱惑，但像达斯·韦德（Darth Vader）这样的弱者则抵挡不住。暗边魔法的真正登场起始于达斯和暗界毕业生的聚会密谋。他们中的一人 —— 恶魔参议员帕尔帕蒂纳（Palpatine），通过招募他人加入暗边并利用对和平和稳定的虚拟威胁（扬言如果立法院能赋予他至高的权力，他可以"勉为其难"），成功地成为了星系国王。因为担心安全而寻求保护，人们把这些权力交给了这位参议员，结果眼睁睁地看着他把他们变成了野蛮、富于侵略性的独裁统治的工具。

---

1. Heraclitos（约前 540 —约前 470 年），古希腊著名哲学家。——译者注

不仅是政府及其讨厌的秘密机构如玛菲亚（Mafia）喜欢拿保护 [144]
来说事儿，自然本身也通过那些对外在的破坏性作用不敏感的法则来
提供保护。[1] 如同在人类社会中的作用一样，保护在物理世界里产生
一种确实性和可信赖性，而且这种保护还具有原始意义上的优势，使
得人们能够明确地将它们看成是自发的自组织现象，这类现象除了组
织原理本身的作用外不涉及任何智能因素。刚体有序性的普适性质、
超流体的流动甚至空间的真空性质都是这种保护作用的一些具体翔
实的例子。[2] 材料刚性对材料中原子错位不敏感，与选举结果不因个
别人的政治观点出位而有所变化并无二致。最后，这种保护能够克服
那种昏聩老妈妈的褊狭心理所带来的不完备性，老人家看着队伍打眼
前经过，会说："看哪！除了我们家强尼，每个人的步调都不一致！"

然而，正如人类社会中的保护有其固有的局限性那样，自然界的
保护机制也有暗边——它们有一种通过模糊终极原因来制约人们选
择的倾向。例如，使得可靠的结构工程具有可能的固态弹性性质的稳
定性就掩盖了原子的存在，因为弹性性质是有序性的普适结果，即使
这个固体是由其他材料构成的，但只要有序性性质相同，其弹性性质
就是一样的。不借助诸如X射线散射等这样的能够去除保护的测量
技术，要证明原子的存在是根本不可能的。另一方面，如果你要造车
或盖摩天大楼，不考虑原子没有关系，但如果你要造的是计算机或电
视机，那关系可就大了。因此，人们往往将技术进步的偶然性看成是
保护的暗边的一种有争议的结果，给人感觉技术似乎是"非自然的"。
这个问题的极端事例是空间本身的真空性质，它在我们目前能做的各 [145]
种实验中都表现出普遍受保护的行为特征，因此可能只受那种我们尚
不知道的微观法则的支配，其内涵则要到加速器技术有了进一步发展

才有可能知晓。

在日常生活中我们可以找到许多与保护的暗边类似的事情。例如麦当劳、星巴克、肯德基炸鸡皆属此类，因为它们的产品非常稳定可靠，你没尝过也知道。但同时，如果你专一地只光顾它们，则意味着失去了发现其他美食的可能性。这也就是为什么爱独立思考的人们不喜欢这些店家的原因 —— 即使你拥有它们的股票，也许必要时还得光顾它们。就我来说，是否拥有其股票暂且不论，我是不会去吃那些专卖店里的冻酸奶的，即使在机场有时渴得要命。我也顺便提醒那些生活放荡的人，悠着点儿，将来在地狱，永远过的都是这种排坐在桌边，拿着只提供鸡肉恺撒什锦色拉的菜单的日子。还好，这种保护在法国要少得多。说到这里，我倒想起从前苏联时代过来的俄罗斯人讲起的一个有点残忍的幽默故事来，即哈伦·埃利森（Harlan Ellison）写的《少年与狗》，一部关于第三次世界大战后的社会如何通过禁绝新生事物来保护其"生活方式"的黑色讽刺剧。[3] 埃利森笔下的英雄是一位对女人怀有敌意的性错乱者，他逃脱了保护，回到地球上来拯救他那条饥饿的通灵狗，喂的就是他腻歪了的女朋友。我妻子很不喜欢这个故事。

物理学上与保护有关的所有记录在案的事例都能够用标度不变性来刻画。[4] 这一概念可用如下故事来说明：一个不称职的导演想拍一部风琴管（organ pipe）音响方面的电影，这显然不是能挣大钱的作品，但他是一位非常前卫的导演，相信这部电影将成为终极的禅宗电影艺术。拍了不多久，他认为拍摄的质量不够好，于是叫停重拍。技术人员被叫过来去制作一台尺寸加倍的风琴管 —— 这样声调自然就低了。摄影师被要求倒回去重拍，以便加大了的管子能再次充满整个画面。如此这般之后，他开始重拍了 —— 直到他意识到他出错了为止。一阵忙乎之后，他把显影了的胶片架上投影机，合上电门，以两倍速度播放，不用说，结果一定是画面和声音与前次拍的完全一样。改进没有带来任何变化。道理其实很简单，风琴管的音效是受流体定律支配的，这些定律是标度不变的。如果管子的尺寸加大了一倍，但播放时将速度相应地提高了一倍，这样管子实际的发声效果是一样的。这个过程叫重正化，它是讨论物理学里的保护的概念基础。[5]

从根本上说，可重正化性是片面的。例如在风琴管的情形中，你可以不断放大管子的尺寸且不违反重正化法则，但反过来做，将管子尺寸做得越来越小直到原子量级，这时流体动力学法则就失效了。实际上倒过来看，这个实验更有启发性 —— 从一个小样品开始，然后逐渐加大尺寸。你会发现，随着尺寸改变，各种因素，如原子颗粒度、非线性黏滞定律、流量对压强以外的各种内在因素的依赖性等，对流体动力学的修正效果会变得越来越小，最后在大尺度样品条件下"突现"为流体动力学现象。这是好的一面，坏的一面是还存在其他可能性。如果单位体积内的平均原子数本来就较高，那么晶状固体的普适性在重正化阶段就已经突现了，而不是要等到流体阶段才出现。人们或许会说，小样品包含了所有可能相的要素 —— 就像婴儿包含了所有不同成人的全部要素一样，因此系统以这种或那种相出现，只有在某些性质被除去的条件下才能使另一些性质得到充分展现。

某些物理性质，譬如流体中的剪切力，在重正化后消失，这在 147 物理上有个术语，叫无关性。因此在流体情形下，流体动力学的修正 —— 人们可以想到的绝大多数测得的原子的集体性质 —— 是无关的，就像固体里对弹性性质的修正一样。麻烦的是，无关性概念也是最难解的术语之一，每个人遇到时都会对它的多义性犯糊涂，包括职业科学家。我可以一次次地褒奖那些发明了别人搞不明白的事情的科学家，但在看似最容易做的赋予一个常用词以新的意义方面则得悠着点儿。你侃侃而谈，不经意间就用了这个词，但别人听到后会立刻陷入糊涂之中。解惑的关键就在于认识到"不相关"这个词有两重意义。一重是"没有联系"，用于描述物理学之外的诸多事情；另一重则是"从突现性原理上说已经小到不可测量的"，它只用于描述某些物理学对象。

　　当系统处于相变平衡点时，普通保护原理的突现性有了一种有趣的变化，使系统很难确定如何重组。这时可能出现如下情形：除了那种随样本大小的增大无止境地增长的特征量（譬如磁材料的磁场强度）之外，所有事情之间都是无关的。这个相关量最终决定了系统处于哪个相。例如在磁场情形下，如果温度超出某个确定值，场强的变化将呈负相关，导致在该温度之上磁场消失 —— 磁场要么有要么无。但还有些量则既不增长也不消失，这些所谓的临界变量刻画了一类自然界中极少（实际上从不）出现的特殊的不成功的相变。这种情形就像两个势均力敌的队伍之间的一场拔河比赛。比赛一开始，两队互不相让 —— 一会儿这边强点儿，一会儿优势又转移到另一边，这时除了拔河本身所显示的特征，生命的其他方面均已不相关。最后，总有一队会越来越快地把绳拉向己方，对方则失去控制，败下阵来。比赛肯定有胜者，但这个胜利时刻何时到来则是不确定的。原则上讲，如果两队实力极为均衡，比赛时间可以无限长。而实际上，这种均衡使他们对诸如暴雨或旁观者的加油声等外部影响因素高度敏感，往往正是这些因素而不是一队对另一队的天然优势决定了最终结果。这种效应也会出现在势均力敌的选举上，这也就是为什么这类选举结果不说明什么问题的原因。

均衡的保护通常是自然出现的，但这种情形比人们所预料的要少得多，因为大多数相，譬如水的气相，具有潜热，它们能使各种相彼此共存。在湿热的天气里，湖面或池面上就呈现出水的这种各相平衡状态。这种天气令人感到非常难受，因为这种平衡阻止了人体通过挥发散热来降温。但如果对水加压，那么使液体变成气体所需的热就会减少，直至最后完全消失，这时液相和气相之间的差别也就完全消失了，我们得到的是被称为临界乳光的真正的平衡作用，此时流体变成乳白色且不透明。[6]这有点像雾，但比雾更有趣，因为它无标度。真实的雾的液滴大小取决于环境因素，如空气中的尘埃和海盐微粒，可以变得极其大——极端情形下可以有湖面大小。而在加压情形下，流体的这种不正常状态趋于最大化，雾状行为会以各种尺度同时存在。尽管这种效应看起来十分有趣，但在实用上它却仅限于蒸汽动力设计，人们利用工作流体的这种特殊性质来使燃料的利用率达到最高。 [149]

自然界中平衡的普遍性及其与相变联系着的相关性引起两种我称之为暗推断（the Dark Corollary）的物理效应。这里我故意做了夸张，因为这些效应具有隐蔽性和破坏性，给人十足的邪恶感，至少从涉及区分真伪的角度上说是如此。

我把第一种暗推断称为欺骗性火鸡效应。这个说法来自马克·吐温的小品文，其中描述了火鸡妈妈如何装作受伤的样子骗得捉它的小孩远离鸡窝的故事。[7] 小孩一次次地扑空，最后被引到了几英里之外，他才意识到他根本靠近不了它，是被骗了。物理上的欺骗性火鸡效应与此类似。在稳定的保护阻止我们下决心搞清楚微观法则的同时，不稳定的保护正骗得我们相信我们已经发现了它们，而实际上我们压根儿就没做到。这反过来造成这样一种经验，这种效应确实存在而不是传说，因为相应的实验文献就令人糊涂。倒是用比喻能让人看得更清楚些。让我们回到拔河的例子上来，假定我们打算通过在越来越短的时间尺度上观察确定拔河比赛获胜的"最初原因"，再假定比赛双方势均力敌，这样决定胜负的时间尺度将极其长，使得在实验上很容易达到无关胜负的境地，然后我们做实验观察。我们发现，在很长的时间范围内，拔河的普遍特征很明显 —— 两队保持均衡，这种均衡与参赛者个性特征、绳的性质、地面的光滑程度等皆无关。不仅如此，这种行为被合理地看成是决策的基础，从中可得出"基本"法则。这种行为的普适性还使得它可以用简单的数学来描述，也就是说，通过推演，我们能得到一个对最终结果的简单的数学描述。于是我们认为我们已经知道了拔河竞赛获胜的简单的终极原因，而实际上我们所发现的不过是用来掩盖终极原因的过程中被保护了的行为！我们的这种唯象理论正确、优美，数学上也很严格，可总体说来却无意义。我们一直在被骗！但这个骗子不是哪个恶徒或同事（或火鸡），而是大自然本身。

我把第二种暗推断称为相关性壁垒（Barrier of Relevance）。假定基于某种奇迹，人们能够找到一件事情真实的基本数学描述，也不论这种描述具体如何，总之我们的目的是通过解方程来预言方程所隐含的被保护了的行为。过程中很重要的一点就是不得不做近似。在稳定保护的情形下，这些近似所含的小误差从技术层面上看也许是无关的，就是说当样本取得越来越大时，它们可得到修正。但在不稳定保护的情形下，相关的误差则会无限增长，这时物理行为不是抹平这些误差，而是放大它们，使得预测随着样本增大变得越来越不可靠。从概念上说，这种效应等同于混沌理论里的"对初始条件有敏感的依赖关系"，所不同的只是这里指的是标度上的演化而非时间上的演化。如同混沌理论中的情形，解方程过程中非常小的误差都可能造成最终结果的巨大差异——这种差异可以大到使结果在定性上就是错的。这种普遍存在的性质使预言能力荡然无存。即使你的基本方程是正确的，它们也不能用来预测你实际所关心的系统行为，因为你无法足够精确地来解这些方程以实现预测。[8]这反过来又使我们无法证明其虚假性。如果你不能可靠地预言某些实验结果，你也就不能用这些实验来确定理论的真伪。系统自发地产生一种阻碍了解其本质的基本障碍，一种认识论上的壁垒。然而在给定的相之内，微观性质还是可预言的。这就像约会，那种基于本能的冲动既简单也很好理解，最终结局也不外乎几种大家都能猜得到的可能性之一，但这两人之间到底是什么结果则很复杂，难以预料。

教科书上找得到的暗推断起作用的例子是关联电子效应。[9]实际上这个名词本身属于还原论者的用词不当，因为在量子力学里"关联（correlation）"指的正是"纠缠（entanglement）"，那种电子自始至终所表现出的状态——而不只是某一时刻才那样。说电子是关联着的好比说水是湿的。关联电子效应实际上是固体的一整套行为，它们不能用通常那种简单的金属、绝缘体、铁磁性等传统概念来概括，而是具有介于这些概念之间的某种性质。它们不仅主要表现在金属氧化物（V_2O_3）上，而且也反映在某些金属间化合物（$CeCu_2Si_2$）、合金（UBe_{13}）以及许多有机物（电荷转移类盐）上。除了分类上的困难，这些材料还具有一系列令人捉摸不透的特性，如对原子缺陷的高敏感性、依赖于样品备制方法的有序相以及不可复现的光谱特性等，这些特性意味着近乎存在一种或多种特征很不明显的相变。然而"关联"一词意味着另一些事情：用于描述纠缠着的物质的通常的近似技术由于某种原因对这些材料不起作用，这是个问题。换言之，这种行为很怪异，因为我们无法计算它——或者倒过来说，它之所以难以计算，就是因为它怪异。

你或许会以为，这种基本问题通过实验应该很容易解决，但其实并不是这么回事。经年累月，不同的研究小组从相同的实验测量中得出了各种不同的答案，甚至经常是不同于他们几个月前的结果。人们总是通过指责别人的工作不合格来力挺自己工作的完整性，理论家们则在这些实验结果当中挑来拣去，找出他们感兴趣的进行"分析"，并宣称这些结果如何如何重要，因为它们与理论分析相一致。当然，基本方程都已熟知，而且在争议较少的地方也容易取得近似解，但我们却无法得到这些方程足够精确的解以预言实验中应当出现的结果。这额外地造成理论争论双方的互不妥协，因为人们总能够指责别人的计算有错。正因此，自打最初的关联电子效应研究开展以来，50 年过去了，在澄清该效应是什么的问题上仍毫无进展。

作为事后聪明，这样的谩骂行为已成为要求非常聪明的人去做办不到的事的一种症状，它是相关性壁垒在起作用的最有效的证据。通过可靠的计算来穿越这层壁垒是根本不可能的——哪怕是用最大的计算机，因此才有理论上的多样性和互不相容性。通过稳定实验来对付材料上的细微差别也是根本不可能的，因此才有一次次的实验失败。要证明理论出错也是根本不可能的——这时近似策略被引入相关的计算机程序，因此才使得关于它们的争论带上了政治色彩。理论可以说全都是欺骗性火鸡——其概念号称总有某天会管用，但就是捉摸不透。

因于暗推断的科学家经常直觉地意识到某事不对劲儿，却无法准确指出到底错在什么地方，因此常闹笑话。下面这个故事来自高温超导研究人员：一个小国经历了一场军事政变，新政府着手清洗所有旧内阁成员。有两个人被押到新独裁者面前接受审判，独裁者允许每个[153]人提出最后的要求。第一个人说："我在进政府之前是一个物理学教授，我最后的请求是请容许我对全国所有的物理学家做一次关于我所研究的高温超导理论的演讲。"第二个人则说："我也是物理学家，请在他演讲前杀了我。"

另一个关于暗推断恶作剧的有趣例子是著名的硅表面重构现象，在我还是学生时，它曾使许多物理学家碰壁。20世纪50年代，人们发现真空下新劈裂的硅晶体表面上的原子会自发移动生成有序结构。但具体的结构形态则取决于劈裂方式、退火历史等因素，最终也是最稳定的模式总具有一个7倍于原初表面原子间距的重复单元，并被挤压成一个不规则四边形。没人知道硅为什么会如此，甚至原子重排的到底是什么也不清楚，因为提供这一图像的电子衍射效应并不能以足够精确的分辨率来确定重复单元的结构。当时的巨大挑战是如何用计算机来解量子力学方程，以揭示出原子是如何移动来实现这一效应的。在这个问题上到底消耗了多少人力资源，谁也说不清楚，它就像一个黑洞，简直太难啃了。计算上能给出的所有令人感兴趣的模式都试过了，没有一个与实验结果相符，显然这是暗推断在起作用。这个结构问题最终是由东京技术研究所的实验物理学家高柳邦夫（Kunio Takayanagi）解决的，他利用了新的高能电子衍射技术 —— 在这之后，各种修正性理论如雨后春笋般冒出来解释为什么从一开始这个问题就那么明显。[10] 但这种喧嚣根本就不对。直到今天依然没人知道为什么稳定不变的重复长度是 7，为什么它会变形成不规则四边形，为什么它如此稳定 —— 虽然大自然每次要把成千上万个原子间隔排列得如此有序并不困难。

154

尽管暗推断在材料科学领域的表现有目共睹 —— 因为有众多的实验结果摆在那里，但它们最重要的表现还是在宇宙学方面。[11] 自 20 世纪 50 年代开始，人们就知道真空是可重正化的 —— 就是说基本粒子可通过真空来传播，粒子间力所服从的标度不变量方程与你在研究普通物质相变时遇到的方程是一样的。我们还知道，这些结果必须以某种基本方式与空间本身联系起来，因为它们不产生引力，因此才有真空本身可重正化的概念。宇宙的可重正化性质是否是由近相变机制产生的这一点不是这样或那样的方法就能解决的，因为它总有一种效应能够阻止你用长程情形下测得的结果来推测短程下的性质，这与普通物质的情形一样。正因此，许多教科书将可重正化性质敬奉为一种与最小假设的标准做法相一致的空间性质。然而，如果可重正化性质不是突现的，那它就需要解释，因为它显得那样神秘，而偏偏物理学有一个非常灵光的经验，那就是凡显得神秘的事情就一定会有原因。其实人们早就知道真空与相变很接近。很多实验都表明，真空是按相变等级序列突变的，其中不同的自然力彼此分开，互不相扰。在当代宇宙学研究中，起关键作用的是那种跟电磁作用与弱作用之间的区分有关的力，因为它所释放的能量据称是暴胀的能源，所谓暴胀是指大爆炸后的一种假说性的急剧膨胀。如果真空的可重正化性质是由近相变机制引起的，那么终极理论的研究将不外乎两种结果：要不就是即使你发现了这种理论，它也预言不了任何东西；要不就是它不可能被证伪。

　　暗推断也会给经营和经济带来重要而又令人烦恼的后果。这是 ^155 个很难公开讨论的问题，因为一牵涉到欺骗或虚假活动，你就得拿出法律上站得住脚的证据，故而在此我只做象征性的描述。如果与真人真事有任何相似之处，那纯属巧合。假定我写了一个譬如说可以预测某事的程序，我告诉了你基本方程——或者说，表面上看管用的代码——却不告诉你解方程的方法，然后对你说，给出这些方程的正确解需要足够的聪明，你掂量掂量，如果不是那种好脑瓜，就趁早别碰它。你对这番羞辱很生气，回去按自己的思路写了一个解题程序。但忙乎了几个月，你非但没得到我的结果，而且还陷入这样一种境地：得到的一大堆各不相同的结果全都取决于所设定的近似条件。你终于明白，你写的程序没问题，是我在施骗招，因为方程是不稳定的。于是你开始怀疑我的程序给出的预言也是事后拟合的，整个一个骗局。我给出的方程既不足以描述我的程序要做的工作，也不是脑袋聪明就能解开的。实际上没人能解这些方程！但要证明这一点则又是不可能的，理由同样是它们既不可解，又不能通过检查找出其错——因为它享有专利保护——因此你势必失败。你能做的至多是写一篇文章或申请个专利，说你也有拥有某项"技术"，它不同于我的，且具有不同的实用功效。

你可以从积极的方面说不稳定物理系统在经济上是重要的，因为它们能使我们在无须暴露事情本身的情形下看清楚事情的本质。这在蒙骗对手时很有用，让对方付出代价而你赢取市场份额。但你千万别 156 拿来骗自己，那可比梅尔·布鲁克斯影片《太空炮弹》（*Spaceballs*）中主角约格特（Yogurt）叫嚷的"多多挣钱"还要坏。不幸的是，这种做法也要了许多科学家的命，他们认为自己正在追逐一斗金，[1] 但实际上却是在追逐虚无缥缈的彩虹。

人们可以认为我这么表述不够通俗，对此我并不介意。毕竟达到目标而遭憎恨要比懦弱而讨人喜欢好得多，何况我已经向非相关性这一祭坛献祭了很多，因此知道自己在说什么。但在那些仍觉得不满意的人看来，我是在兜售一个按自己形象设计的暗界贵族小娃娃，他们会买来然后按他们自己的喜好来玩。你上紧弦，娃娃就会起舞，"愿施瓦茨与你同在"[2]。多么令人向往！

---

1. 原文 *a pot o'gold* 是美国1941年拍的一部影片片名，作者意在借用，与影片内容没什么关系。——译者注
2. 原文"May the Schwartz be with you"是梅尔·布鲁克斯《星战歪传之太空炮弹》（1987）结尾处的经典名句。这部影片从剧情、人物设计、取名、对白到篇名、字幕，处处与《星球大战》（*Star Wars*）对着干，例如，《星球大战》的主角叫Yoda，《太空炮弹》的就叫Yogurt；Yoda教授英雄 Luke Skywalker 如何利用宇宙的"力量"来武装自己，成就前人未曾取得的伟大事业，Yogurt则教授他的英雄如何多赚钱，如何把特制的太空球食品和武器卖给孩子们耍。影片最后的这句话也与《星球大战》的结尾相呼应，后者中送别的人们说的是"May the Force be with you"。顺便提一句，梅尔·布鲁克斯为Yogurt设计的是犹太人口音，在犹太人说的依第语（Yiddish）里，Schwartz意指"黑暗"。由于星战文化在美国流行甚广，这句名言也随之走俏，T恤上、汽车上、报刊上随处可见。但作者在此引用典颇有意义，他认为，梅尔·布鲁克斯描述的世界隐喻我们生活着的现实世界，而《星球大战》的世界则是纯粹的儿童神话世界。——译者摘自与作者的通信

第13章
生命原理

> 要使一个人失去人性，不妨让他回到自然 —— 让他成
> 为一个与石头、植物和野兽打交道的人 —— 要不就让他成
> 为机器。自然和机械都是相对于独一无二的人而言的。自
> 然是一种自我创生的机器，它的自动化程度比任何机械更
> 完美。按自然的镜像来创造就是创制一种机器，正是通过
> 学习自然的内在机制才使人成为机器的制造者。显然，当
> 人学会畜养家畜和种植之时，他便获得了用于产生食物、
> 力量和美的自制的机器。
>
> —— 埃里克·霍弗[1]

没什么能比计算机主管人员关于生命的宏论更温馨感人的了。人 157
们现在不时听到说，不管互联网（.com）的气泡胀得有多大，它都大
不出人脑去，你只管等着新一代电脑面世，犯不着为过时的机器花冤
枉钱。当然，那些缺乏进取心的计算机帝国主义从不会轻易放过任何 158
机会，君不见市场上充斥着各种为成人准备的消磨时间的玩具？满世
界的报纸登载着一个又一个关于"技术"的故事以及有关计算机编程

---

1. Eric Hoffer（1902 — 1983），美国作家、思想家和社会哲学家。——译者注

的专家心得。但计算机在生命现象上的应用可谓独一无二。电脑专家在这方面的狂妄自信让我不禁想起科幻作家罗伯特·海因莱因说过的一句话：如果你想办个马戏团，那你就得有大象。

没什么能比计算机主管人员关于生命的宏论更温馨感人的了

从物理学的观点来看，生命现象是最值得谈论的了，因为它可算是体现突现法则的极品事例了。事实上，整个突现论思想就是由生物学家为解释生物现象而提出的，这些现象是指生物的某些特征 —— 例如某些细菌的棒状外观或兔子见了狐狸就逃的本能 —— 稳定且可遗传到子代。相比之下，化学的微观法则则带有随机性和概率特征，从中等尺度的化学里就可以举出许多这样的事例 —— 凝胶、晶体的表面结构等，而它们的爷爷辈则全都具有复杂有机体譬如人的功能。

生命的共同特征之一是强烈的似曾相识的经验。最近我在分子生物学研讨会上就有过这种体验。大量的投影图片展示了酵母菌细胞繁衍周期中的6000种类型的信使RNA。图片之多加上报告的冗长不堪，让人感到极度厌烦，虽然它们是了解细胞的基本调节机制的一个窗口，但没人知道为什么这些测量会得到这样的值，一个信号与下一个信号之间的可能的关联意味着什么，以及在这些测量中是否存在什么有用的信息。[1] 不知怎么，我像是被带回到20世纪70年代我出席的一个关于二氧化硅色心的研讨会，那时我正看着光吸收图像随着施加到样品上的不同的力不停地上下翻动。这两者间主题不同，实验技术也相去甚远，但个中逻辑却是完全一样的。早年研讨会上讨论的不是生命机制的问题，而是化学和氧化物中结构缺陷的问题，这种缺陷大大损害了硅基微电路。幸运的是，它们很容易被检测出来，因为在有其他透明材料的情形下，这类缺陷对光有着强烈的吸收效应。这也就是为什么大部分石头有色泽的原因。它们也是自旋共振信号的来源——所谓自旋共振，是指当材料被置于磁场中的时候，它具有吸收特定射频波长能量的能力。这项研究的目标是将材料的光吸收特性与自旋共振信号关联起来，并由此指明哪种缺陷引起哪种信号。但由于有太多的缺陷需要被隔离开来单独研究，因此这一研究采取的是"扰动"样品的做法——例如，在窑内烧上几天或把它放在核反应器里过上两天——然后看看会发生什么。类比到生物学上的实验，就是将酵母菌毒到或饿到濒死状态。然后期望在出现自旋信号的同时能相应地出现一两个光信号，使人们能够将同样的缺陷与这些信号联系起来。这种做法导致的结果无疑是十足的灾难。所有事情都变了，并且每一件事都与另一件事相关联。这就像商场发布全商场商品九折优惠的广告来

159

[160] "干扰"布卢明黛尔（Bloomingdale's）的销售。[1] 这在以前有巨大的作用，理论家们自然欣喜若狂，给出了所有看似与事实一致，实则彼此间异如霄壤的解释。今天，这种观点的多样性一如既往，它们不过是设计糟糕的实验所表现出的征兆 —— 人们还是回答不了任何问题。

不幸的是，这种坏的实验作风像瘟疫一样传染到了尖端科学。其基本理由是，要想从细节上搞清楚一件复杂的事情是如何运作的，得花多少时间和人力，或者说要投入多少钱，这是非常困难的。经济利益摆在那儿，大家几乎总是想着让别人去做那些吃力不讨好的事情，把自己腾出来筹划各种有潜在高回报的所费不多的实验项目。忽视这种经济因素的作用，特别是在商业圈里，肯定不会有好结果。如果波音公司开始担心为什么空气分子的集体效应会产生流体动力学，那么波音也就该垮台了。在极端情形下，譬如基因转录，没人会去做这种吃力不讨好的事，这方面的规范及其逻辑漏洞即使有也只好有待以后来填补了。特别是在生命研究领域，微观法则与复杂的高级行为之间的某种脱节已经变成了一种科学研究的常态。

我最熟悉的坏的实验作风还不在生物学领域，而在核武器研究领域。回想起来，我在利弗莫尔实验室工作的时候，曾偶尔遇见那些长期从事核设计代码的人，他们有许多关于设计方面的有趣故事。这些代码里有许多东西是我不能在此随便讨论的，但它们可粗略地类比为细胞功能，就是说它们呈巨大的等级序列：首先它必须有一个开始，然后如此这般地变成两个紧密同步的复合，等等。这些人都是大好人，因此故事总是那么富于吸引力和持久性 —— 每次遇到，总是一片欢

---

1. Bloomingdale's美国著名的高档百货商场，在全世界许多地方有连锁店。——译者注

闹。故事内容不外乎某人在技术方面的严重失误，因此因人而异，有些错可以说不可能得到更正，因为设计者不认为这是个问题，根本就 [161] 不打算做必要的修改。其实，这类错误从来就不是枝节性的，而是违反了热力学第二定律或正确的能量概念——就像呆伯特（Dilbert）漫画[1]里描述的那些引人开怀大笑的事情。

然而，听多了这些故事，我开始意识到，这类愚蠢的行为并非只取决于个人的局限性，而是一种根植于学科本身的社会现象。人们关心的是这些程序是否能够引导人们得出重要的结果，而不是它们是否合逻辑。在过去，它们已经被调节到适用于特定实验的大规模输出，如果不做这种调整，就不能正常地发挥作用（换句话说，就是不适用于这些实验）。对核武器内部进行调查以检验程序中所含的理论是否正确的实验从来就没做过，而且也看不出以后要做的迹象。这种实验做起来绝对十分困难，说一点你就会明白，实验会产生大量高热，人们没有足够时间在仪器烧毁前取出信号。但真正的原因还在于这种实验必须重复进行才有意义，才能对各方面细节都给予必要的注意，而这样的话成本将高得不得了。有幸的是（或者说，不幸的是，就看你持什么观点了），由于可用能量绰绰有余，核武器设计上对误差要求放得较宽。如同在许多工程问题上的情形一样，"真理"取决于商业需要，而不取决于实验事实，特别是对某个学科分支规定的实验就更是如此。只要炸弹引爆了，热力学第二定律就可以靠边站了。这好像是说笑，但事实就是如此。

---

1. Dilbert 漫画是由 Scott Adams 创作的风靡世界的漫画系列，主要讲述白领在办公室和职场的种种表现。呆伯特是一位工程师，知识丰富，头脑机敏，就是缺少社会生活经验，于是在现实生活中闹出一大堆笑话。网上有专门的呆伯特网站：http://www.dilbert.com/。——译者注

162　这种不良的实验机制在二氧化硅缺陷问题上也有表现。抛开那些复杂的学术名词，所有这些缺陷都归结为这样一个简单问题：如何在半导体制造工艺上消除这些缺陷。工程公司最终是利用古老但管用的爱迪生式的经验论来解决的。一个例外的情形是闪存氧化物（flash memory oxide），它是利用缺陷来存储信号的，因此有意做出缺陷，具体是些什么缺陷及其制造技术则属商业秘密。[2]

然而，酵母菌的信使RNA实验则是一种特别重要的不良实验，因为它清楚地显示出基因学家们不知道自己在做什么。用不着对这种断言大喊大叫、出言不逊，当你看到这种实验时你就知道它是一种糟糕的实验。症状总是一样的，测量结果不可重复，这些结果经不起常识性分析，也无法量化。所谓活体分析与非活体分析存在本质区别的论调纯属狡辩。生物学里有许多可高度量化例子：核糖体基因代码、精确的DNA复制、蛋白质晶体结构、自组装病毒体的形状，甚至还包括老鼠和人这样的高级生物体的复杂行为。其实问题的关键在于，我们对从基因到生命这一整套的控制机制还不清楚，一个重要原因是为取得这种知识所要付出的成本太高。

生物技术人员经常不清楚自己所做工作的意义，这一点既不奇怪，亦非偶然。就像20世纪里半导体物理的情形那样，生物学现在正处于从科学研究向高回报的工程研究转变的过程中。许多人将这种区别仅仅看成是换换牌子，但实际上这是沧海变桑田。因为从某种角度上说，科学研究和工程研究根本就不是一码事：在科学研究中，你是从告知别人你知道什么来获得动力，而在工程研究中，你是从阻止别人知道你知道什么来获取动力。在工程界，这种长期的混淆和忽视已见多不怪，且无一例外，原因很简单，基于知识产权上的考虑，每个人都会对他人保守秘密。在我所居住的硅谷，技术欺骗和壁垒可以说是司空见惯的事，大家都明白，在对实验的投资尤其是重大投资上示弱简直就是自杀。生物技术的工程价值不在于理解生命而在于开发新药，发明新的医疗手段，以及农业上新的作物品种。从这些目的上看，正确的过程调节理论并不比能开发出新的化学操控技术的粗略简单的概念更重要。事实已经证明，人们在没有完全弄懂细胞调节机理的情形下，能够设计出控制艾滋病病毒的蛋白酶抑制剂，[3] 诱使干细胞生长以取代体细胞，[4] 以及将 α - 胡萝卜素基因植入稻米中。[5] 人们甚至有可能发明出有效的治癌手段，尽管事实上癌是一种正常细胞调节的恶变，但我们的目标是杀死癌细胞，而不是要搞清楚它是如何变异的。但在所有这些令人惊异的技术成就的背后是科学上的开放性，就是说这些操作者事实上并不知道为什么这么做就能有效果。

　　我发现这种情形真是极具讽刺意义，玛丽·雪莱对科学的易错性有所感悟，写下了《弗兰肯斯坦》—— 人们倾向于相信他们了解那些事实上他们不了解的事情。[6] 但由于经济上的原因，这种科学易错性已成为共识并被认可。这使我想起奥斯卡·王尔德[1]的名言：缺钱是一切恶行的根源。人们不妨想象一下，如果雪莱女士的小说写在今天会是一副什么样子。维克多·弗兰肯斯坦将不会是一个来自日内瓦的焦虑不安的书呆子，而是一个来自弗吉尼亚州亚历山德里亚市托马斯·杰弗逊科学技术中学的雄心勃勃的年轻奸商。他不是要去英格尔斯塔德大学学习他那高度创新的外科技术，而是去波士顿上哈佛医

1. Oscar Wilde（1854—1900），英国唯美主义艺术运动的倡导者，著名作家、诗人和戏剧家。著有童话集《快乐王子》（1888）、小说《道连·格雷的画像》（1891）、诗集《斯芬克斯》（1894）、剧本《温德米尔夫人的扇子》（1892）等。——译者注

学院——这之前的四年空闲则花在了在普林斯顿研究网球和女人上。
他不是秘密地制造出一个怪物，而是利用政治渠道来获得全国卫生研
究所下拨的大笔经费，然后在贝塞斯达（Bethesda）开店，发售大宗
164 新股。他不是辱骂他造的怪物，而是把它制成小广告，到处兜售他的
创新性的技术突破，并宣布下一步将开办长寿诊所。这个怪物呢，也
不会像一个幼稚的破坏者那样动不动就露出杀人犯的凶暴嘴脸，而是
忙着写畅销的垃圾小说，上奥普拉的访谈节目，[1] 竞选加州州长。维克
多本人也不会去极地冰山上寻死，而是期待着去棕榈泉[2] 过一种有道
德的衣食无忧的退休生活，当然前提是他的律师能够摆脱来自证券交
易委员会的那些爱管闲事又没有切实措施的空想家们的纠缠。

　　对无视重要的科学事实抱容忍的态度，这种风气不仅受到经济
上的激励，还有着政治上的原因。在某些圈子里，缺乏知识被认为是
好事，因为这可以阻止邪恶科学家去从事诸如制造三头六臂的婴儿
或培养足以使人在几周内死去的病菌这样的恶事。当然事实是否真
的就如此仍大可争论。全世界的实验室现在每天都在克隆猴子和家
畜，估计克隆人的实验也在秘密进行中。各国政府出于军事目的一
直在开发致命生物体，这种做法的自在程度从2001年罗恩·杰克逊
（Ron Jackson）和伊恩·拉姆肖（Ian Ramshaw）偶然制成致命的鼠痘
（mousepox）变种病毒这一典型案例就可见一斑。[7] 对生命过程的切
实了解所招致的潜在危险正日益作为呼吁加强新的立法以控制生物
信息传播的正当理由而不断被引证。

---

1. Oprah是由奥普拉·温弗里（Oprah Winfrey）主持的一档美国电视谈心节目，访谈对象可以当众
吐露自己的隐私而获得心理上的解脱和矫正。——译者注
2. Palm Springs，位于加利福尼亚州南部的著名度假胜地，肾状泳池、高尔夫球场、复古式建筑
比比皆是，有100多位好莱坞大明星在此购置住宅。——译者注

　　看着对生命科学实施的突击分类审查，让人又一次产生强烈的似曾相识的感觉，使很多人回想起核物理的公开记录被抹去的年代。1954年《原子能法》规定："原子能的发展、利用和控制必须在指导下进行，以促进世界和平，改善公共福利，提高生活水平，并增强私人企业的自由竞争。"这意味着如今在公共场合下透露某些关于自然界的事实甚至提及某些不该透露的事实都是一种严重的犯罪，整个相 [165] 关知识已成为绝密。然而今天的防扩散运动较之50年前更有过之而无不及，因为生物武器——这种当今时代的核技术——无法通过生产措施来控制。基因不像裂变燃料那样既贵又难以获得，而是花几个美元就可以搞定。当然，本书所谈及的这种安全感几乎肯定是虚幻的。没人能比爱德华·特勒对核分类的评价更到位的了，他认为核分类从来就不是有效的，它造成的远期后果是想和平利用它的人得不到有关知识，而一心想得到它的坏蛋的间谍活动又阻止不了。[8]这一论调与我经年在利弗莫尔听到的关于其他国家核武器项目的传闻是一致的，尽管有些国家至今还没有这类武器。例如，我的同事杰伊·戴维斯——赴伊拉克从事武器检查的专家之一——就曾报告说，接近核秘密，那是"没有的事"。

　　在工程的经济压力和知识的内在危险性的背后，确实存在着令人感兴趣的原因问题。面对缺乏世界范围的一致行动来防止基因调节知识的扩散这样一种局面，人们转而提出：为什么基因调节如此难以理解？基因到蛋白质的转换要经过两道步骤：DNA到信使RNA的转录（transcription）和后续的RNA到蛋白质的翻译（translation）。这后一步骤既是决定性的又很简单，它可归结为RNA向核糖体发出的少许控制指令，后者就是一部产生蛋白质的小机器。大量实验表明，核糖体读指令时根本不用心，读到什么是什么。但大自然就这么厉害，它使转录指令极为灵活又难解，使得专家们至今还未能就它们是什么取得一致。大自然为什么要这么做仍不得而知，但个中原因一定相当重要，还没有哪一种生物体例外。单就微阵列实验的总体预算——每年10亿美元——就可以看出，这个问题有多难。[9]

菲利普·安德森将这种情形尖刻地比喻为一宗谋杀案谜团：不走运的侦探不停地在寻找蛛丝马迹，而周围的人却像苍蝇一样老围着他问这问那。这位侦探过分拘泥于芝麻绿豆，使他看不到最重要的线索。屋当间儿堆放的尸体还在增多，尽管时不时有人经过时就会被绊一下。这个案子里的一个重要线索——夏洛克·福尔摩斯的狗在那个晚上没出声——这本身就很蹊跷。[10]对这种蹊跷有一个十分明显的解释，那就是生物控制（转录即为其内容之一）利用了集体不稳定性这一物理学原理，因此本质上属暗推断范畴。这个概念对我来说并非第一次遇到，在许多关于生物自组织临界性的新近出版物中都隐含着这一概念，较突出的是斯图尔特·考夫曼的著作。但我的这个概念稍许有些不同，就是把实验上的混乱本身作为解题的关键，这意味着对基因的调节作用做纯粹演绎性的微观理解本质上是行不通的，至少在当今的实验模式下是这样。集体不稳定性会产生一种相关性壁垒，使得理论的预言能力和可变更性被除去。它还会通过欺骗性火鸡效应使人以为发现了事情的正确解释，但实际上是一场空。换句话说，生命机制不可能由纯粹的物理学原理予以解释。它是这样一种情形：自然本身是监察官，而不是立法者或行政官员。

集体不稳定性与调控之间的关联带有反直观的特性，让我把这个概念说得更具体些。我们来考虑飞机的自动驾驶仪。[11] 尽管大多数飞机被设计得能够平稳飞行，但遇到小股气流，它们还是会发生颠簸，偏离航线。自动驾驶仪是一个机器人，它利用反馈来校正这些误 167 差，当驾驶台的陀螺测知飞机发生偏航时，它就会发出小的电信号来做出反应。这些小信号被反馈到放大器放大，然后用放大了的信号来驱动舵面和校正误差。放大器很关键，因为运动探头感知到的细微的物理力不足以推动笨重的舵面来适应气流。[12] 但放大器具有不稳定性，将小信号转成大信号在物理上可不同于对小激励的激烈反应。设计者通常都得检查了解放大器的失真性能，他的工作就是要使得自动驾驶仪保持正常工作。任何失误，譬如导线的误置或接线错误，都会使操作失灵或舵被毁坏，导致飞机坠毁。这些效应可看成是癌变的机械类比，癌变就是某个细胞内一小撮微小的基因缺陷通过你体内的调节机制被放大，最后杀死你。自动驾驶仪里的放大器是由晶体管、螺线管和液压阀等组件组成的，但这只是因为这些组件便宜好用。任何其他的物理系统也大致如此。人们不妨想象一下利用两个或更多个组织态之间的激烈竞争来造成对放大过程中扰动特性的高度敏感，这些组织态可以是两种晶序、两种磁体或两种化学反应组织。集体不稳定性，换句话说，就是大自然的放大器。从功能上看，自然出现的这种集体不稳定性与你从电子城里买来的便宜的放大器芯片的行为并无二致。

放大不稳定性是一种特别有害却十分有效的科学混乱的传播机制，因为当实验比较粗糙的时候它通常看不见，就像海市蜃楼。当自动驾驶仪开始工作，飞机就被锁定在一条航线上了，但飞机的行为却不反映放大不稳定性的基本特性。只有在你打算将飞机拆开来看看它是如何工作的时候，你才会发现里面还有放大器。这种情形很像我乐

168 见的高温超导体的物理问题。像飞机的情形一样，超导体的行为也只有在你将它分解了发现里面有一个藏着复杂性和混乱性的潘多拉盒子的时候，你才会觉得它们十分好理解，它们中至少有些是由于近相变及其暗推断引起的。

在生物体上，这种暗推断是否有效尚不得而知，但有建议认为是这样，这种纯粹的建议对实验生物学有着很强的干扰性影响。它把举证的重负加在了科学家的肩上，他们得证明自己的实验有意义——有些事在当前看来并非平平常常就能做到，甚至被认为有点没有名誉——因为先测量再提问题的做法有可能产生甚至不是错误的大量信息。它让人对生物学中不重复也不检查实验的通常做法心存疑虑，尽管变异性不必非得是自然的，而只是一种不稳定性的标志。它使得由各派观点一致所决定的真理变得不那么值钱了，并造成这样一种可能：观点上的一致只会使谬误被神化和合法化。它将专利秘密变成了难得的造假机会。

但最重要的是，这种暗推断的存在使人担心当今大量的生物学知识具有意识形态的性质。意识形态思维的主要特征是这种解释既不提供推论也无从检验，我把这种逻辑上的死胡同称作对立理论，因为它们处处与真正的理论唱对台戏：它们不是促进思考而是终止思考。例如自然选择理论，在达尔文最初创建这一理论时，它赢得了广泛的认同，但现在它却更像是一种对立理论，其作用就是希冀掩盖那些令人尴尬的实验缺陷，并使那些往好了说有疑问往坏了说根本就是错的所169 谓发现合法化。你怀疑蛋白质不遵从质量作用规律吗？那是进化论使然！你解释不了为什么一堆复杂的化学反应会变出小鸡来？进化论

一堆复杂的化学反应会变出小鸡来

呀！人脑活动的逻辑原理为什么计算机没得与之相比？进化论是根本原因！有时你能听到这种论调：这种问题不必讨论，因为生物化学是一门基于事实的学科，理论在这里既无帮助也不需要。这种论调无疑是荒谬的，你要系统地进行实验，就需要理论的指导。生物学有着

170 丰富的理论，只是人们不在公共场合谈论 —— 或详细讨论 —— 它们。事实上，堂而皇之地拒绝理论偏见的正是善于伪装的对立理论，其实际作用是要规避作为清除谬误手段的逻辑协调性。如今我们经常问自己，进化论到底是一位工程师还是一位魔术师 —— 即是对预先存在着的物理原理的发现和运用还是一项魔幻表演 —— 但我们不该这样认为。前者是理论，后者是对立理论。

由于集体不稳定性是突现的，那么我们就有理由问，对生命现象，在什么尺度上组织的集体性原理开始变得重要起来？事实表明，这个问题不是三两句话就能够回答得了的，因为在中等尺度上，突现性具有固有的模糊特征。宏观上的突现性可视为某种一般性，譬如刚性，样本大小超过一定限度，其性质会变得越发精确，因此才有突现的概念。尽管没有证据能够表明组织现象不能从小尺度发展而来，但我们也无法从小尺度上证明它们的存在，因为严格来说它们还不存在。

在单个细胞尺度上，已有相当间接的证据表明存在稳定和不稳定的突现现象。许多教科书都写入了这一点，那些愿意深究的读者可以参考附注所列的著作，其中有详细的讨论。[13] 例如，蛋白质很大，这一事实意味着，它们要有效地起作用就必须表现出诸如机械刚性那样的性质，即那种只有在大系统下才出现的突现性质。刚性概念成功应用到蛋白质行为上的一个具体例子是腺苷三磷酸合酶（ATP synthase），一种内嵌于线粒体壁上的带有转子和定子的电动机。[14] DNA 转录和复制的完备性也同样要求在尺寸上较大，尽管原因不明，但这种要求显然不遵从通常的化学反应所满足的统计要求。不稳定放大作用的概念则影响到 ATP 到动力蛋白[如肌肉的肌动蛋白与肌球蛋白复合体（actin-myosin complex）或驱动蛋白]连锁键机械能的转换，[15] 也影响到离子通道蛋白和细胞表面受体的功能。[16]

不幸的是，这类证据不足以澄清这样或那样的争论，这就解释了 171 为什么人们在基因组学或蛋白质组学会议上会经常遇到这样一种奇怪现象：演讲者会很自然地从还原论概念转换到集体概念上来，就像在打扑克牌时人的注意力会从牌上转移到竞争性的心理上一样。因此，你会听到论文的宣读者报告说，他基于原子运动的假想定律写了一段计算机程序，并用这个程序来预言由 DNA 序列产生的蛋白质形状。这种做法之所以行得通（尽管只是一时）正说明特定蛋白质的折叠结构并不敏感地依赖于原子间力的细节，因为如果那样的话，人们只有在正确的运动方程下才可能得到正确的结果。但是你问同样这一群人或他们的导师，他们是否相信存在普适的原理，使得我们可以对"血红蛋白"或"核糖体"也运用这一做法，他们十有八九会说不。

就蛋白质尺度上出现集体行为这一点而言，其重要性主要是强调了这样一种观点：集体原理在真正需要的地方——系统水平或大尺度过程，譬如新陈代谢、基因表达和细胞信号传导等，所有这些过程都很难直接测量——是管用的。这些反过来又要求我们认真采取暗推断，特别是在根本不可能从坏的实验得出生命原理的情形下就更是如此，不管你往里砸多少钱，也无论这些实验能产生多少数据。

可悲的是，我们还必须与世界范围内那些决心以错误方式解决问题的人共处。1972 年尼克松总统当政时期，我在伯克利应征入伍，生活经历由此变得更精彩。在奥德堡（Fort Ord）受训期间，我被派往设在俄克拉荷马州的导弹学校，这是一个令人高兴的转折，因为当时越南战争还没有结束，一切都像是疯狂的大倒退，我向东的旅程亦不例外。我父亲开车把我送到洛杉矶，不厌其烦地交待了一路：什么时世凶险防不胜防啦，如何服从命令啦，等等。这只能加重我的沮丧。他一直把我送到飞往达拉斯[1]的大飞机上。拂晓前我们到了那里，周边没有一个人。一袋烟的工夫，我们熬过了黎明前最黑暗的时光，终于在一个小店找到了人。店里一片荒凉，只有两个一支接一支抽烟的女军士，她们见来人了，便停止了絮叨，命令来人都站好。这是个信号。当太阳终于升起，我登上了一架小型螺旋桨飞机，随行的还有其他三个前往导弹学校的学生，但这架飞机只到劳顿（Lawton），在那儿我们被交给了一个说话低沉、看上去和蔼可亲的人——一个来自得克萨斯的游民，因为很明显，真正的俄克拉荷马人从不那样说话。他让我们上了一辆两边各有四开门的锈迹斑斑的老旧豪华大轿车，车后还拖着一个大车厢。显然，他们还在等人。"我们会把你们送到那儿。"他向我们保证，就好像我们还有机会像电视剧《迷离境界》[2]里那样蒸发了似的。事后看来，还真就跟那差不多。在穿过小镇的路上，做小生意的摊点时常布满了军事基地的四周。不久，车的发动机罩下的水管坏了，喷得挡风玻璃上到处是水。司机脑子不慢，但做出的决定——我绝对演不出来，就像戴夫·巴里说的——则是一边嘟囔着"我们会把你们送到那儿"，一边打开了刮水器继续往前开！我们沿公路疾驶，任由水喷向空中，刮水器徒劳地摆动着，水终于跑光了。

---

1. 达拉斯，得克萨斯州首府。得克萨斯州位于俄克拉荷马州正南。下文中的Lawton为俄克拉荷马州与得克萨斯州边境上的俄州小镇。——译者注
2. The Twilight Zone，美国20世纪60年代拍摄的一档电视系列剧，80年代后又有重拍，每集讲述一个超自然事件或科幻故事。节目一开始总有一个声音说道："你现在正进入《迷离境界》。"——译者注

"我们会把你们送到那儿"，司机还是这句话。此时大轿车开始吭哧起来，显然引擎过热了。吭哧声慢慢升级为蹒跚而行，随后是抽搐，当它终于拐进基地挪到宿舍大楼门前时，大轿车像是濒死时发出最后一声叹息，然后就再也不动了。"我把你们送到了。"他说。

当然，对生命现象中可能存在突现原理这一问题，科学界权势人[173]物的反应是顽固坚持其还原论的立场 —— 这种态度有幸得到了制药企业的支持，这些企业完全清楚花多少纳税人的钱跟它们的经营没多少关系。反对突现性已成了防止科学走向神秘化的正当理由。那种貌似科学的观点认为，生命活动就是化学反应，更大胆果敢的则是不惜投入巨资和超级计算机操控实验来验证这一观点。与此相对立，神秘主义观点则认为，生命现象是一种完美而不可知的事情，人类在这方面不断地投入金钱和计算机只会使它变得更糟。在这两种极端观点之间，我们有一种非常重要但理解上尚欠成熟的观点：生命活动的不可知性实际上是一种物理现象。这种观点并不降低生命的神奇性，而只是确认了这种不可知性是如何与还原论法则充分相容的。所谓不可知性，我们在无生命世界里见得多了，实际上它并不神秘。展示这种不可知性的其他（更原始的）系统直到现在仍回避计算机结果，有人认为它们怕是要永远这么耗下去了。在生物学上是否会发生类似的这种情形还有待于观察。但有一点是肯定的，狂妄自大地摒弃这种可能性只能陷入无休止的昂贵的坏实验的泥沼。

当然，这里还有一个问题，就是人们是否应当搞懂生命的原理，还是干脆通过法律要求人们别去触碰它。我这里不仅仅是要陈述对这个棘手问题的一种观点，还想推出一本我欣赏的书：华莱士·斯特格纳（Wallace Stegner）写的约翰·威斯利·鲍威尔（John Wesley Powell）的传记。鲍威尔是一位南北战争时期的老兵，他曾率领一个小队沿科罗拉多河顺流而下，绘制了大峡谷的地图。[17] 虽然鲍威尔认为中学历史课本里对他的介绍应归功于这次乘船旅行，但他真正的伟大杰作是促使政府科学体制的创立。鲍威尔一直对开发西部有浓厚兴趣，他明白，宅地政策（homesteading policy）[1] 适合于东部的气候条件，但在西部却未必管用，因为那里常年严酷的干旱使得土地不适于耕种。他意识到，在西部，水权比土地权更重要，没有水权的农民注定要被赶走。他的解决办法是敦促国会授权在美国全境进行地理普查，由此他成为主管，从事灌溉普查，其秘而不宣的目的是要调整西部土地上的宅地政策。当他在加利福尼亚州克里尔湖地区（Clear Lake）附近试图收回住民的土地时，问题来了。西部州的参议员和国会众议员们跳出来，基于州权指责说政府越权。国会只好以大幅度削减鲍威尔的预算作为回应。但此事没算完，1895 年，国会将鲍威尔赶出了政府机构。40 年过去了，西部毫无干旱迹象。但随后干旱尘暴出现了，鲍威尔的预言——得到了应验，小说《愤怒的葡萄》里对这次尘暴给俄克拉荷马州造成的农业破坏和大萧条及其引发的群体性背井离乡的惨状有过诗史般的描述。在这个故事的众多教训里，与科学紧密相关的是：通过法律来宣判物理事实的是与非是荒唐的。你可以宣判它不存在，但它一旦出现了，你也就完蛋了。祈福也许可保几十

1. 宅地政策是 19 世纪美国为鼓励国民开发西部而实行的一项重要政策。1862 年，美国通过《宅地法》（*Homestead Act*），该法规定，一个美国公民或宣布打算成为美国公民者，有权获得 160 英亩（1 英亩约合 4046.8 平方米）公共土地作为"宅地"使用。获得宅地者必须在 160 英亩土地上建立房屋并开始耕作，在耕作 5 年后，土地即为其所有。在 1862 — 1900 年间，大约有 8000 万英亩土地成为宅地。——译者注

年，但真理总会显现，后果也许就是灾难性的。把握这些罕见但危险的事件的正确方法就是彻底地搞懂它们，并公开予以应对。

　　至于用机械观点看待生命现象带来的所谓不道德性，我猜想我只是将它看成是对"机械"一词的理解过于机械所引出的观念错误。物理规律是大自然的一种神奇而令人惊异的创造，要比它的竞争对手——人脑厉害得多。我可以想象的对造物主最大的不尊重就是故意不承认它的权能，或干脆认为它不存在。我不仅喜欢机器，而且也乐于与之相伴。与其让我与我所知道的许多人为伍，还不如让我与机 175 器结伴。谁都知道机器比人更原始，但因此就反对机器则错之远矣。

　　这段与机器同一的议论让我想起一段往事。太阳正从杜勒斯机场沉下去，我登上不满员的飞机，在飞机后部洗手间附近一个靠窗的座位上坐下。一天的工作结束了，我打算利用东西海岸之间的时差美美地睡上一觉。候机楼的灯已经打开，卡车在漆黑的柏油路面上疾驰。飞机往后倒了一下，然后轰鸣着在跑道上沉闷地滑行，这是个充斥着无聊小报和快餐食品的平凡世界里的一次不起眼的飞行，飞机就像一个疲倦的经济卫士在履行着自己的责任，即使前方充满危险，也必须勇敢前行。在跑道尽头，飞机例行稍停片刻，等待塔台的指令。随后，飞机像苏醒过来的猛士，浑身充满了与生俱来的力量，巨大的身躯向前猛冲，同时雄赳赳地昂起头刺向夜空。城市的灯光急速退行，很快就消失了，飞机后面再次一片黑暗。[1]

我在你手里，我年轻的朋友，就像以往许多次那样，今夜我依然相信你能把我安全送回家。

---

1. 这段文字中有些句子译者限于水平不够，没有直译，而是采用意译。但作者认为这段文字颇具诗意，且有很强的象征意义，故不敢掠美，将原文附后，供大家鉴赏：

This talk about oneness with machines is bringing back a memory. The sun is setting at Dulles, and I am aboard a half-empty plane, sitting alone by the dark window in the back near the lavatories. The day's work is done, and I am intent on exploiting the time-zone difference between east and west coasts to sleep in my own bed. The lights in the terminal have snapped on, and trucks are scurrying about on the tarmac in the dark. The plane pushes back, then bumps and rattles across the taxiways in a sullen sort of way, a forgotten flight in a forgotten world of discarded USA Today parts and Burger Kings — the haunt of exhausted economic soldiers washing downstream like spent salmon for the bears. At the end of the runway the plane pauses, as it always does, for there is no urgency, especially when one is working late. Then, suddenly, as if called, it remembers something it forgot, its great heart begins to beat, wells of energy that are its nature and birthright are summoned, and its magnificent body is impelled forward effortlessly as it exuberantly rotates into the sky. The lights of the city recede and vanish, and the back of the plane is again dark.

第 14 章
星球武士

> 革命的第一要务就是使这种行动不受惩罚。
>
> ——阿比·霍夫曼[1]

古希腊神话包含着人类对自身生存环境的深刻见解，从而使它 [177] 百读不厌。所谓《知识黄金时代的黎明》的故事，我是指我那本因经常记不住需要随时翻检而被翻旧了的赫西奥德[2]的著作，这里要说的是提坦（Titan）的魔术师埃尔维斯（Elvis）从上帝设在非洲深处的秘密地点盗火给人类这件事。宙斯因此很愤怒，派了恶魔化作数千个羞怯的少女，即追星一族(groupie)，到埃尔维斯的兄弟利伯雷斯（Liberace）那儿，但他对她们不感兴趣，就打发她们去埃尔维斯处。宙斯给每个粉丝一个小盒子，里面装着不幸、苦难和绝望，外表却装饰得像日本午餐。果然，这些粉丝们经不住诱惑或是由于饥饿打开了

---

1. Abbie Hoffman（1936 — 1989），美国20世纪60年代青年国际党（Youth International Party, Yippies）的发起人之一，一位自我认同的社会无政府主义者，70年代以反叛著称的激进的社会政治活动家。出生于马萨诸塞州伍斯特市的一个犹太人家庭，早年曾被学校赶出校门，1955年在伍斯特预备学校完成中学学业，后进入布兰迪斯大学，1959年获学士学位，后进入加利福尼亚大学伯克利分校攻读心理学硕士学位。后涉嫌参与毒品交易，沦为逃犯。曾著有《十条顶呱呱的戒律》（The Ten Crack Commandments）。——译者摘自http://en.wikipedia.org/wiki/Abbie_Hoffman#_note-0
2. 赫西奥德(Hesiodos，约公元前8世纪)，古希腊著名诗人，著有《神谱》和《工作马时日》等诗集。所谓《知识黄金时代的黎明》是作者假托赫西奥德的著作来戏说后面的普罗米修斯盗火给人类的古希腊神话故事，因此所用神名除宙斯外皆与熟知的不同。其中Elvis指Elvis Presley(1935 — 1977)，美国摇滚乐之王，是美国现代文化史上一位不可或缺的人物。——译者注

各自的盒子，于是生活中所有的丑恶全都跑出来了：电话拉客、上下班高峰交通拥堵、机场的电视从来不关，等等。在每个盒子的底层都有一颗小宝石、一份宙斯给各位的良好祝愿和一个贝蒂福特诊所[1]的紧急热线电话号码。宙斯对这样的报复犹嫌不足，又将埃尔维斯拴在拉斯维加斯的撒尿小天使喷泉上，让老鹰每天带给他可卡因、巴比妥和酒，并啄他的肝脏。埃尔维斯最终被赫拉克勒斯[2]救出，后者由此得知了宙斯的奇异金苹果的位置和闻名世界的花生酱与香蕉三明治的做法，埃尔维斯正是吃了这些而变得如此巨大而强壮。获救的埃尔维斯投靠了哈得斯[3]，因此变得永远不死。在冥界，他偶遇来自外层空间的异域经销商，他们向他再现了他的经历，现在人们经常在儿童诱拐案中发现有他。

讲这个故事我有一种内疚感，因为和许多滑稽剧一样，它实际上并不好笑。埃尔维斯·普雷斯利曾是个真正的悲剧英雄，一个使创造之火熊熊燃烧的人，他向追随他的粉丝们展示了他们以前从不知道的东西，不幸的是年纪轻轻的就过世了。在音乐领域有无数这样的例子——查理·帕克、基米·亨德里克斯、席德·维瑟斯、图帕克·沙库尔[4]，但重要的是他们提供了一种和人类一样古老的原创力，这并不限于个人品质值得商榷的音乐家们。[1]

---

1. Betty Ford Clinic，美国专门收治酗酒和吸毒者的康复治疗中心。——译者注
2. Hercules，宙斯的儿子，是古希腊神话里所有神中最强有力的大力神，以12项战功著称。——译者注
3. Hades，宙斯和波塞冬的兄弟，冥王。在打败提坦神之后，成为掌管宇宙的三位主宰之一。宙斯执掌天空和上界，为天上的神；波塞冬掌管大海，是为海神；哈得斯掌管下界冥土，故称冥王。——译者注
4. Charlie Parker (1920—1955)，美国著名的萨克斯管演奏家，毕博普（bebop）爵士乐的发起人之一；Jimi Hendrix (1942—1970)，美国著名摇滚吉他手和歌手，其风格大大扩展了电吉他的演奏范围；Sid Vicious (1957—1979)，真名 Simon John Beverley，英国朋克爵士乐乐手，在性枪手（Sex Pistols）乐队中掌管低音鼓；Tupac Shakur (1971—1996)，舞台名 2 Pac, Makaveli，美国著名的说唱乐（rap music）艺术家，同时也是电影明星、诗人和社会活动家。——译者注

像巴格斯·邦尼、斯派克·琼斯和马克斯兄弟一样，[1] 所有真正的理论物理学家都是无政府主义者。我花了很长时间才意识到这一点，这与我是个非常保守的人这一点不无关系，我有稳定的家庭，要缴收入税，得还抵押贷款。当学生时我成天埋头书本，根本没有时间关心政治或心有旁骛——这在20世纪70年代的伯克利还真不多见。然而，这种专心用功也会误用，因为我那时整日泡在图书馆实际上并不是在做作业，而是在做资金筹募活动，主要用于政府深恶痛绝的、被贬斥为"好奇心驱使的研究"——快速离线调查，我认为这种研究很重要。理论物理的玄奥性和抽象性使得一个人可以看起来冠冕堂皇实则犯错而不受惩罚，这也正是为什么这一学科对那些喜欢独立思考的人会有如此大的吸引力。但我一直没把这事与无政府主义联系起来，直到有一天保罗·金斯帕格（Paul Ginsparg）向我指出了这一点。保罗是洛斯阿拉莫斯简报编委会的发起人，这份简报是科学界第一份真正成功的电子期刊。[2] 当时我们正在聊为什么在其他科学领域类似的机构会出现得这么慢。保罗暗示说，物理学家判断一个概念或思想 179 的奇异性和新颖性上有自己的标准，这是其他学科所不及的，即使他们面对的事情有相当大的职业风险。这种态度在譬如说生命科学领域是很难见到的，生命科学里有一种强调意见一致的权威性的强有力传统，这大概是因为个别人主张某事无关乎健康或某事会引致疾病的流行将会给他带来巨大的危险。保罗感到，这种文化上的差异是根本性的，像他所从事的这种自由性质的工作在其他学科领域是很难甚至是

---

1. Bugs Bunny，即卡通人物兔八哥，最早出现在华纳兄弟电影公司于20世纪40年代创制的动物卡通片《疯狂曲调》（*Looney Tunes*）和《快乐旋律》（*Merrie Melodies*）里。Spike Jones (1911—1965)，美国著名民歌手和乐队指挥。Marx兄弟，指主要由Marx家族Chico、Harpo、Groucho、Gummo和Zeppo五兄弟组成的杂耍表演团队，Marx兄弟的表演最早始于1905年的街头演唱（*The Leroy Trio*），后发展到上电影电视、灌唱片、出书，成为20世纪美国文化的一个重要元素，详见http://www.marx-brothers.org/。——译者注

不可能产生的。他的理论现在正在经受检验，因为在医学领域已有好几家机构在筹办全新的电子通信期刊。不久我们就会看到它们是否真的像保罗的刊物那样具有新颖性，还是仅仅只是传统期刊的时髦版本。[3] 但不管怎么说，有一点是毋庸置疑的：物理学家与医生之间存在着文化上的对立。

　　许多年以前，我开始注意到一种奇怪的现象，那些顶尖的学生 —— 通常是年轻人，但也不总如此 —— 会逃学（中学甚至大学）去给人当计算机程序员。这种现象不同于逃学去吸毒，因为工作不仅能带来经济上的收益，而且具有数学上的挑战性，有时这种数学复杂性远远超出大多数人甚至大多数中学数学老师的能力 —— 尽管这事听起来尤其是对父母来说有点儿吓人。其实我小时候也那样，但现在自己有了儿子了，而且他还正处在逆反心理高涨期，因此最近对这方面就变得敏感些。（但到目前为止还算让人放心。）让我对这事感到蹊跷的是这事发生在信息时代，而且还发生得如此频繁。我就知道几个这样的事例，更多的则是当趣闻逸事听来的。在我遇到的这些个例中，每个孩子都是小帅哥，心理健康，聪明机敏。但有些事却使他们变得疏远 —— 他们不愿意谈及这种事。

　　这些人当中有一位是我在MIT（麻省理工学院）做研究生时的同屋。为了施展他那超强的才干，当时他为作为国防项目承包商的Bolt、Beranek和Newman公司[1]工作，任务不大，为达帕网

---

1. Bolt、Beranek和Newman公司是一家由三位创始人Richard Bolt、Leo Beranek和Robert Newman合开的公司，通常称BBN公司。开始时主打声学设计，1968年承接了美国国防部高级计划署的"接口信号处理器（Interface Message Processor，IMP）"合同定单。该项目是DARPAnet研发的一个子课题。国防部高级研究计划局（DARPA）拨款100万美元进行DARPAnet研究的目的是要在异地的科研部门之间建立实时的信息交换系统。——译者注

（DARPAnet）—— 互联网（internet）的前身 —— 编程，后来去了硅谷，[180] 赚的钱比我多了去了。[4] 另一位是我同事的儿子。其他的就是我从洛斯阿尔图斯山（Los Altos Hills）市的一次野餐会上听来的了，那里现在可是技术专业人员的比弗利山庄了。[1] 我问一位当地的计算机厂商，他是如何为他的企业找到程序员的，他说他只消听他们嘴上说的就知道了。实际上，他最好的员工也就20岁，没任何学位，但用心工作，一年能挣2万美元。当然也有的是谣传，这些都很难证实但非常可信，据说在圣地亚哥超级计算机中心干活的有一半没拿到高校毕业证书 —— 但比那些拿到证书的能干多了。

我越来越相信，这些频繁出现的高智力外溢（academic meltdown[2]）事件的当事人其实都是无政府主义者，他们在被推入残酷的"优异"竞争之前早早地滑出了轨道。换句话说，这种行为实为吸毒成瘾或少年自杀的聪明的表兄弟。我庆幸没误入歧途，那只是因为我生长在一个小地方，那里没有如此激烈的竞争。

老话说，你要想衣食无忧学术有成，就得一心一意地关注市场、参与竞争并且遵守游戏规则。所有称职的父母都懂得这一点，只有那些极端不负责任的父母才会建议或赞同另辟蹊径。我也不例外，这一点孩子们可以作证。但事实是有时候这种强制性会不起作用，我敢保证每人绝对能做到这一点。我们都体验过那种以创造性的自由方式来生活的冲动，有些人甚至不顾警告，最后总是屈服于这种冲动率性，由之行事。这种冲动是文化教育造成的还是遗传使然，这个问题可以

---

1. Beverly Hills，加利福尼亚州洛杉矶的高级住宅区，为著名影星的聚居地。——译者注
2. meltdown 原指核反应堆堆芯因质量过大而融毁，造成放射性核燃料外泄，这里隐喻人才外流。——译者注

争上几个星期，但有一点是肯定的：它是艺术、科学发现的源泉，是以创新为特征的现代文明的强大驱动力。父母看着孩子走自己的路，都会送上衷心的祈祷，祈望他能听话以确保平安。我也在此送上我的祈祷：圣明的主啊，请把这孩子给我送回来。

181　　这种祈祷也可能经常不会有答案。无政府主义者的生活是困难的，肯定不应当鼓励。每个人最终都会变得成熟，学会妥协，只不过年轻时过分沉浸于桀骜不驯的生活会在以后使这种校正变得更加困难。无论是好是坏，我上大学时的校规是只容许各方面非常优秀的学生不上课去干自己的事。但也就是偶尔次把两次缺课，事后我们赶紧就一些重要的课业集体攻关搞定，这多爽！

　　一直有争论认为，正是成人的这种负责任的务实态度使得各种发现大多由年轻人做出。年轻人并不比成人更敏锐，尽管这种情形经常发生，但他们更少保守性。《疯狂》杂志的一篇短文切中了这个问题的要害，它描述了一个满脸络腮胡子的嬉皮士像苍蝇一样成天嗡嗡地到处乱转，嘴里总挂着俏皮押韵的威廉·盖恩斯版的约翰·惠蒂埃的诗：赤脚的孩子黑脸盘，可没人喜欢光脚男。[1]

　　毫不奇怪，随着这些无政府主义者长大成人，在他们身上发生了许多有趣的事，不论是热闹的笑话还是辛辣的嘲讽，都成了趣闻掌故。例如，我有个同事过去特别热衷于与人辩论，他认为纳税人应将

1.威廉·麦克斯韦·盖恩斯（William Maxwell Gaines，1922—1992），美国著名出版商，1952年创办《疯狂》（Mad）杂志，这是迄今为止最风行的英文幽默月刊，以多种文字行销世界二十几个国家。约翰·格林李夫·惠蒂埃（John Greenleaf Whittier，1807—1893），美国废奴运动时期的著名诗人。他的诗歌有强烈的战斗性，反映了美国废奴斗争中的重大事件，有如一部废奴运动的编年史。——译者注

支持具有创新性突破潜力的技术研究视为神圣义务 —— 直到他妻子
开办了一家技术公司开始纳税为止。他还喜欢添油加醋来渲染这个
故事 —— 他带女儿去森尼维尔（Sunnyvale，地处硅谷市中心）的国
际薄饼屋吃早餐，偶尔听到邻座的工业间谍进行秘密交易的谈话声：
"这种金属喷涂工艺值多少？""一万。""这是你的了。""那种扩散
工艺值多少？"如此，等等。不需要多少数学天赋就能看出，窃取这
种技术要比发明这种技术的成本投入的效益高得多。于是总有人喜欢
跳出来公开抨击律师界 —— 后来真相大白：原来他私下里正在修法
律课程。另一个同事则不计成本地从基本原理出发，干起了金属锈蚀
的计算机计算，因为他的大显示器容许他这么做 —— 即使他完全知 [182]
道生锈是环境中的碳和盐等杂质催化的结果，其过程根本就无法计算。
还有个同事耗上极大的精力来写一篇复杂但错得离谱的数学物理理论
文来"解释"冷核聚变，并把它发到了杂志上，指望这样就能以鱼目
混珠来掩盖其欺骗行径，对支撑不下去的局面做徒劳的修补。作为对
个人毅力的严格考验，成熟的人很容易在微积分期末考试和律师资格
考试中获胜。

　　我对冷聚变一事特别感兴趣，因为一位核物理专家在接受记者电
话采访请他就这篇文章发表评论时，我正好与他在一个办公室。那次
我差点心脏病发作，因为我们读着传真机一页页传过来的文稿时，由
于内容一页比一页逗，笑得几乎喘不上气来。但就像埃尔维斯的故事，
这事其实并不好笑。

　　从清醒的工程设计观点来看，聚变并不神秘。[5] 它的魅力以及潜
在的商业价值来自于它是一种维持太阳熊熊燃烧的能源，一种有可能

使我们有朝一日能够摆脱对中东国家不稳定局势的依赖的取之不尽的清洁能源。但本质上说，它不过是一种高品质的火——一种氢核聚合生成氦核的核反应，就好比氧和碳反应能够产生热和二氧化碳一样。聚变反应通常需要在极高的环境温度下，譬如太阳内部，才能发生，而不是在常温下就能做到的，这是因为在短程上氢核间是互相排斥的，需要有很高的碰撞速度才能使它们相互接近到反应的距离。要真正实现点火（一种一经开始就不可遏制的链式反应）而又不把自己炸得粉碎，这在技术上是相当困难的，因为反应发生所需的温度和反应释放出的能量实在太高了，但这并非完全不能做到，因此才有正规的现代意义上的工程技术研究。

183

但在 1989 年，化学家斯坦利·彭斯（Stanley Pons）和马丁·弗莱施曼（Martin Fleischmann）在一次新闻界会议上宣布，在电化学元上发现有超热释放——他们认为这种热只能用他们称之为"冷聚变"的概念来解释。[6] 这一断言在整个量子力学界看来毫无意义。普通化学能的能量当量与催化型核反应的能量当量根本不在一个量级上。但事实上，有太多的人不信量子力学，他们更乐意按自己的愿望曲解量子力学的复杂性，或者干脆就认为搞量子力学的都是些骗子艺术家，对他们的解释充耳不闻。犹他州议会决定拨款 500 万美元用于支持冷核聚变研究，一时间全世界刮起一阵冷聚变研究热潮，按约翰·休伊曾加（John Huizenga）的估计，高达 5000 万到 1 亿的纳税人的血汗钱被挥霍掉了。[7]

冷聚变的另一个并不好笑但很重要的一点——这与埃尔维斯真有异曲同工之妙——即它的不朽性。1997 年的一天早上，我正开车去上班，偶然间调到了全国公众广播电台艾拉·弗莱托（Ira Flatow）主持的《科学星期五》节目。那天的节目内容正是关于冷聚变的。[8] 艾拉的访谈对象是肯尼斯·福勒（T. Kenneth Fowler），一位来自伯克利的令人尊敬的核工程师，和尤金·马洛夫（Eugene Mallove）——《无尽的能源》杂志的主编。[9] 在节目的前半部分，艾拉从福勒那里得到了对这个问题的一系列学术上的和科学性的说明，譬如我们不能肯定地说冷聚变就是一定错的，但它确实是与我们现今知道的核物理定律不一致，也没有得到实验上的强有力支持。大家都尽量避免使用"伪"这个词。但到了节目的下半部分，马洛夫就很放得开，其表现令人印象深刻。为节省篇幅我这里只能转述他的意思，如果有些更精细的意思表述得不是很到位，在此事先申明请原谅。马洛夫说，冷聚变是有效的，各地都有实验据证明这一点，私人资本已经在考虑用它 184 作为民用能源。学术界认为聚变有利可图的设想已经失败，但他们占着体面的位子，拿着干薪，谁也没办法，他们简直就是专享福利的蜂王，他们对冷聚变的非难其实就是一场打压竞争的斗争，要保住他们自己的位子。他一口气说了半个小时，艾拉没去打断他，也没想到要反驳，让我感到他是赞同这种观点的。

这段插曲反映出，所谓高品质科学其实常常并不科学。在涉及大量资金投入的场合，正确性往往远没有诱说和商业利益考虑来得重要。这是作为职业的理论研究人员生活艰难的原因之一。在这样一种氛围中，学术训练不仅徒劳无益，而且还会遭受严厉的惩罚，基本原因当然不外是经济上的。社会支付给毕生从事基础性发现的人员的报酬之一也就是社会经济领域内一个蓝领职位的价格。与蓝领同酬，这当然没什么错，但这意味着他们被排除在重要的政策性会议之外，而那些能够参加会议的人，他们明白是钱在决定着何对何错，常常漠视来自科研第一线的呼声。当然这种烦恼到哪儿都免不了，你得学会对它不屑一顾。但绝大多数职业科学家都明白，那种高品质科学的非科学性质具有很强的吸引力，它不仅令人尴尬，有时还不道德，而且会深刻地影响到我们的生活。

作为一种管理行为，这种状况使得真正的科学成了影响深远的经济牺牲品。在物理学领域，随着核武器渐行渐远成为过去，电子学硬件研制移向远东，软件开发移向印度，国家的科研重心移向制药和医学领域，我们就已经领教过这种巨大的牺牲。对许多人来说，这些转移始终伴随着痛苦的调整 —— 这不过是失业的委婉说法。职业生活变得痛苦、残酷而短暂。但一些骨干分子在这些困境中坚持了下来，因为他们懂得，基础性发现不仅困难而且重要 —— 有些事不是通过管理就能做得到的。认为这一点能做到的观点是与现有理论对着干的，就像认为不会再有多少发现有待做出，或认为经济力量将神奇地为我们带来各种发明发现的观点是与现有理论唱对台戏一样。科学上的重大突破从来都是由走自己的路、藐视权威、愿意不惜一切代价去取得预期成果的刚正不阿的人做出的。

其实，个人力量在职业生活中的重要性不仅对科学家是这样，对每个人都是如此。在从纽约飞旧金山的飞机上，我和邻座有过一次交谈，他讲了个有趣的故事。他来自立陶宛，现在住在宾夕法尼亚，这次去阿拉斯加是要和儿子一起去钓鱼。当他刚来美国时，他说，他在电动摩托车厂找了份工作。我对电动摩托车也很感兴趣，于是问了他一些技术问题，让我惊奇的是，我发现他对电动摩托车真是了如指掌：扭矩特性，转子是如何磨损的，什么合尺寸，什么不合尺寸，能耗特性，要用哪一种导线，轴承座的热流特性，等等——你只要说得出，没有他不知道的。就这么神聊了一个小时后，我调侃地说，我真该当您的研究生，这样的话我可以尽知电动摩托车的一切。但几年后，他说，上头有消息说工厂将关闭，迁往智利。他的工作没了。我惊骇地问他，那你以后怎么过的呢？他说他又到钢铁厂找了份工作。当我问他是不是还干以前的活儿时，他说，不，正经的炼钢活儿。我对钢也相当感兴趣，现在正好有机会，于是我问他一些关于钢的问题。出乎我的意料，他对钢也是百问百知：什么温度下钢水呈什么颜色，什么样的杂质是容许的，其含量多少对钢的品质有什么影响，如何正确地退火及冷轧钢锭，如何保护员工免受伤害——你尽管问，没有他答不上的。就这么又神侃了个把小时，我再一次被迷得晕晕乎乎，又当了一回研究生，对钢的知识有了大长进。但几年后，他说，又是上头放下话来，说钢厂也要关闭了。这次情形比上一次更严重，因为公司人太多，只能发放养老金了。我感到更恐怖了，问他是怎么打算的。他回答说，那时他和他太太已经攒够了买下一个牛奶场的钱，于是他们买了个牛奶场，自那以后就一直成功地经营着乳品业。我对奶牛饲养和乳品加工也很感兴趣，乘此机会，我又向他讨教些乳品业方面的技术问题，毫无疑问，这下我又当了回研究生，学到了很多乳制品生产加工方面的知识。时间真快，飞机不久就落地了，但回家这一路上，我的思绪一直都萦回在这次谈话中。这个人在事业上三次遇险，但至少有两次他是靠精湛的专业技能度过了经济转型带来的危机。每一次他都不轻言放弃，而是坦然地面对舍弃已掌握的技能的无奈，重装上阵，并再度辉煌，最后去了个好地方钓钓鱼来安度晚年。我相信我们所有人都渴望成为像这位长者那样的人。

　　我喜欢讲这个故事，因为它对不幸的人具有精神上的平衡作用，但事实却是，敏锐而有教养的人很快就厌倦了这种牺牲精神的说教，转到其他事情上去了。他们做事的那个瞬间总是很有意思，因为它反映了他们实际上是什么样的人。人有时会遇到一个可心的惊喜，就像那个立陶宛来的牛奶场场主，但更多时候遇到的则是像二手车推销商那样的人，他只对改装厂里的部分东西有兴趣。过分严厉地指责这种权宜的生活方式是一种不成熟的孩子气的表现，因为实际处事中重要的是行动对策和防止被骗，我们生活的好坏全在于此。这一原则是通用的。春天里细嫩的抽芽变不成刺，夏末的鼠尾草也长不了多久，长不大、成不了猎手的可爱的小猫小狗死得早。更确切地说，我观察发现有两条明显不同的技术生命轨迹，一条有点苦行的味道，且与科学很和谐，另一条则非。两条道路有一个共同点，那就是都刻意漠视那些禁止想象的法则，而正是这一点使得人们很容易将一条误认为另一条。在苦行的情形下，被漠视的法则往往是智力上的；而在另一边，商人科学家所漠视的则更倾向于道德层面。每个阵营里都有幻想家，有人甚至兼具两者。但对我们大多数人来说，在这之间做出选择正是成长过程中重要而困难的一环。

　　威廉·布罗德（William Broad）在1986年出版的《星球武士》一书中对苦行僧与商人科学家之间的对比有过描述。[10] 故事的背景是利弗莫尔实验室臭名昭著的核驱动X射线激光武器项目。这个被对手嘲笑为"星球大战"的项目涉及令人非常感兴趣的技术问题 —— 用激光原理聚焦强大的核能，使之成为X射线细束。然而，让这本书被人记住的不是它描述的技术，而是对人物个性的刻画和对这个大胆、高风险工程项目背后的思想脉络的描述。无论是对其中的科学家，还是对推进项目的政府部门，这种刻画无不入木三分。我认识他们中的许多人，因为当时我就在利弗莫尔，虽然只是作为远离该项目主体的普通模拟小组的一员。书中对这两种人干下的层出不穷的违法违规事件有着精确的描述，一如实际发生的那样。

然而，书中描述得不准确的一个重要的地方是缺少了苦行精神。我清楚地记得我们这些新受雇者是如何整天窝在拖挂车房内讨论项目所涉及的物理学原理的，设计目标是否可行（我们大多数人认为它不可行），谁谁谁是因为钱被骗来的。当项目经费从里根年代的一亿美元的高峰因达不到预期目标而骤然跌落为零时，我们都不感到奇怪。但我们对收场则感到非常惊奇：我们接到喜讯说这个项目已经灭了苏联。事实是这样：上面告诉我们，我们在技术上骗过了苏联人，把他们拖垮了。

当我得知我的研究一直受到这个项目的支持后，我的苦行哲学 [188] 又提升到了一个新的高度。我想如果我事先知道的话，或许我不会参与进来，但这实在很难判断。我家里有孩子，一刻也承担不起失业的风险。

当然，但凡言过其实的声称都是精心设计的，因为买家——在这个项目中就是里根政府——想要搞出一套太空基反导防御系统，因此它乐意支持将科学作为实现这个特定技术目标的手段。做生意的和做管理的，与其他人没什么不同，客户总是对的，尤其是在事关大笔的资金运作时就更是如此。

在某些时候如何确保必须得出重要的科学进展，X 射线激光项目是为一例。虽然激光武器没能成功，但核爆驱动 X 射线激光是成功的，并且现已成为激光聚变重要的日常诊断手段。激光聚变本身 —— 通过聚焦大功率激光到薄的燃料靶上 —— 并不像最初预想的那样成功，人们对向心聚爆估计得太过乐观了，但这项研究形成了导致如今新的稳健有效的设计的最初投资 —— 我认为事实就是这样。[11] 当激光聚变靶丸最终退出历史舞台之时，这种资金运作把戏是否能得到原谅还需拭目以待，但世界肯定会为之震惊，我猜想还会彻底改变。

在我认识的企业家里，具有发现和间接利用这种策略的能力是他们成功的关键。这些人对不诚实这一点往往抱达观的态度，认为有得必有失。我对于这个项目纳税人到底要人均付出多少钱没有确切概念，但肯定不在少数。我曾与给手套箱（按惯例容我略去其名称）安装线路的技术员有过闲聊，当时我偶尔提到了一位当地有名的爱空想的人，他也是一名操作员，名叫 X。这个技术员眼都瞪圆了，他压低声告诉我，有一次某个老总传下话来说第二天他要来视察，你知道 X 怎么做的？他让手下一夜之间将纸盒子全都漆成黑色，来冒充他本该装配但根本没做的计算机。

虽然许多人听了这个故事直摇头，感到难以置信，但它却在真正的科学家的内心引起恐慌，因为他们为了工作常常不得不忍受道德妥协带来的痛苦折磨。我这里不是指对核武器的道德妥协，这些武器涉及的只是传统道德部分，人们认为它们在文官控制下是安全的，因此我感到从事与这种武器有关的工作完全不存在道德妥协的问题。这里的道德妥协指的是有时不得不通过夸大其词来获取研究经费。真正的科学，作为上述企业家形象的对立面，对不诚实有着严格的禁忌，我们需要用这种禁忌来反对在错误指导下对宝贵的稀缺资源如人的生命等的浪费。因此，当最近扬·亨德里克·舍恩（Jan Hendrick Schön）因在贝尔实验室伪造一系列极其重要的半导体实验数据被抓到时，大家都知道这种无耻行径的下场：急得抓耳挠腮，深刻反省，开除，学术生涯彻底终结。[12]

正由于道德判断在我们的生活中具有核心价值的地位，因此科学活动中技术需求的市场拉动作用才不断地重复产生着道德难题，它们已成为黑色幽默的无尽的源泉。作为太空基导弹防御战略中X射线激光的下一代武器的是造价5000万美元的"智能卵石（Brilliant Pebbles）"——最新一代的"灵巧石块（Smart Rocks）"。[13] 智能卵石的基本设想是在太空轨道上部署4600枚小型拦截弹，它们无须地面指挥就能够自动搜索迎击并摧毁敌弹头。我不是武器技术专家，不知道这种智能卵石是不是好的设想，但我总感到制导和目标搜寻电子学有问题，它们很难做到完全可靠。有一点可以肯定，对导弹防御系统的巨大需求在过去（现在依然如此）有着强烈的经济促动因素，至少某些方面不是像它所标榜的那样。

在智能卵石研发走上正轨的20世纪80年代后期，我已经调到斯 ¹⁹⁰坦福大学成为一名物理学教师，并执掌系务，主管考试命题委员会。一如这个委员会以往那样，时值仲夏，没人提交考题，于是我不得不反复催促他们。大家觉得我太狂妄，目中无人，我也感到成天跟这些人打交道无异于浪费宝贵的时间，于是我干脆全部自己命题。后来这场考试因其太难且满是错误而在研究生中成了传奇——从任何角度上说它都是不恰当的 —— 但它有一种于我有利的作用,那就是从此以后我得彻底离开这个委员会。我出的题目属于普通物理范围,目的在于检验学生将所学的抽象原理运用于生活中实际问题的能力。前一年的考题是估计烹制罐焖牛肉需要多少时间。我与命题人就这个题目进行了激烈争论,我认为生活中比焖牛肉更体面、更重要的事情有的是,但我没能说服命题人。后来我越想这个问题越觉得好笑,但无论怎么努力,我都无法不去想这个问题。于是最后,我出了个叫作智能罐焖牛肉的题。考题的背景介绍是这样的:美国政府有一个新的战略防御计划,就是将成千上万的带有微型火箭发动机的罐焖牛肉部署在太空轨道上,一旦发现焖罐向下偏离系统,它就会自动启用点火装置飞向迎面而来的俄罗斯重返大气层的太空舱。要回答的问题是:如果你被以 3.5 万英里/时速度运行的焖罐撞上,会有什么结果?

考试结束,大家谈的都是罐焖牛肉。考题的荒唐性演变成关于考试过程本身荒唐性的讨论,这正是我所期望的,算是为入校新生头两天所受的戏弄加些笑料。这个问题自然没人能解得出。它是一个激波方面的问题,通常这些知识要到研究生阶段才会学到。[14] 任何物体 —— 罐焖牛肉、石头、钢铁 —— 到了这个速度上就失去了原有的剪切力,变成了一个水球(water ballon),然后在激波作用下从冲击面向四处溅射开去,并以极高的速度来回弹跳。一些俄罗斯学生(那年我们招得尤其多)的答案有点这方面的意思,大概他们以前对军事技术较为熟悉,但没人给出正确答案。许多学生向我抱怨说我给出的火箭方程是错的,那是我故意的。还有学生问我什么是罐焖牛肉,我说它就是一种肉,并用手比划了它的大小。[15] 后来我才知道,他们中有人把时间都花到试图估计它的质量去了,他伤感地看着一个朋友起身离开了考场，这位朋友只带了积分表，实际上他该带上一本字典。

　　这种作弄人的诡计带来的侥幸并没有维持多少时间。在那年我们系的圣诞晚会上，学生们合演了一出模仿尼尔·西蒙的《怪宴》（*Murder by Death*）[1] 的讽刺小品。[16] 说的是圣诞老人被绑架了，各地的孩子们陷入恐慌，世界各地的大侦探家会聚一处讨论如何破解这宗罪案。经过精湛的化装，这些侦探满屋子游走，一边争吵着谁是历史上最伟大的侦探，谁的犯罪学理论写得最好——最后来到我的桌旁，指控是我劫持了圣诞老人，目的是要拿他的雪橇当作我的智能罐焖牛肉反导系统的发射装置。我也有准备，我从桌下掏出事先藏下的血淋淋的烤肉。"举起手来，谁也别动，"我说，"这枪可是上了膛的，我很乐意试试它。"

　　人类的基本生存条件常因心智的局限和孱弱而受到责备。我们周围到处都是这种可悲的结果，多得难以名状。但在天性难以抑制的乐观主义者看来，值得庆幸的是，人们一时间还没有陷入这种误区，尤其是年轻人。总有人会成为科学家——真正的科学家，理由很简单，那些有责任心、教养良好的家庭总会产生出一些无政府主义者，他们尽可能地避免出现这种一切向钱看的局面，不会一股脑儿地都去当银行家、医生和足球教练。虽然老一代人因为生活所迫渐渐变得实际，但新一代人会很快接过他们的旗帜继续前行，野火烧不尽，春风吹又生。

---

1. Neil Simon（1927—），美国著名剧作家，尤擅喜剧和荒诞剧，至今创作的电影剧本达30多部。《怪宴》拍于1976年，影片描述5位世界著名的侦探同时被邀赴一座古堡出席神秘的宴会，可是宴会主人始终没有出现，却发生了一连串的谋杀事件。——译者注

雷·布雷德伯里（Ray Bradbury）的《火星编年史》（*Martian Chronicles*）里讲述了一个有趣的故事，我曾琢磨了一遍又一遍，因为它非常准确地抓住了导致发现的内在驱动力。[17]这是一本虚幻未来预言体文集，故事一开始，地球人向火星殖民，所有殖民者对建在城镇附近的已灭绝了的古代文明充满好奇，但那里已成为废墟，只有火星人的灵魂去那里。一天早上，父亲平静地告诉母亲和两个孩子，他终于找到了火星人，这一家人打算当天就赶过去看他们。父亲修理好了车，一家人上了车，便向沙漠中火星人的灵魂聚集地进发了。四周一片死寂，只有他们自己脚步踏出的回声。父亲领着一家人来到一座古代的喷水池前，告诉他们向下看。火星人就在那儿，他说。但他们看了半天，看到的只有自己的倒影。

今天，你凝视任何一个喷水池，看到的不是火星人在回望你，而是一个死了很长时间的古代的星球武士，是你自己的同时生活在未来和过去的灵魂的回声。正如布雷德伯里的故事里说的那样，当你得知的确是他们建造了这些伟大的城市，你才会放心地回家，并且你也就见到了他们。

第 15 章
阳光下的野餐桌

> 一个人应该能够换尿布，计划入侵，杀猪，驾船，设计建筑，写十四行诗，量入为出，砌墙，正骨，安慰垂危者，执行命令，发布命令，合作，独处，解方程，分析新问题，清除粪便，写程序，做饭，打仗，英勇赴死。专业化是对昆虫来说的。
>
> ——R.A.海因莱因[1]

人在大学里，像在其他任何地方一样，时常会有暂时摆脱竞争性 193
职业所带来的孤独感的时候，整个人像是又回到了学生时代，有人付
账，大家在一块儿聊些家长里短，并期望人就该这么活着。这种机会
不多而且持续时间也不会很长，时过境迁，大家该干什么还是干什么。
但尽管短暂，它带来的阳光般的气息和温馨却提醒我们年轻人该是什
么样儿。我所在的大学是体验这些瞬间特别好的地方，这不仅是因为
我们经常进行这种聚会，更因为优美的环境增添了聚会的效果。像每
次聚会感觉到的那样，校园里充满阳光，斑驳的棕榈树影撒在绿茵茵 194

---

1. R.A.Heinlein (1907—1988)，美国科幻作家，被誉为美国现代科幻小说之父。其作品通过带有浓厚军国主义思想的"未来世界"来表达作者的美国梦。代表作有《生命线》(1939，其第一篇科幻小说)、《异乡异客》(1961，最具影响力作品)等。——译者注

的草坪上，倾泻在宽阔的走道上，树身掩映着的是带有西班牙斜顶的
土褐色建筑，屋顶在阳光下熠熠生辉。坐在橡树的树荫下，围着红木
野餐桌，听着远处夏日海滩传来的海涛拍岸声，该是多么浪漫的情调。
此刻，褐色的山峦是那么静谧，学生咖啡屋还没有开张，只有不安分
的小松鼠和松鸦在干树叶间搜寻着所剩无几的橡实。这时贡布雷希特
提着葡萄酒走了过来。

　　此前，我与泽普·贡布雷希特只是通过电子邮件相识，因此我不
知道接下来会发生什么。[1] 在电子邮件的往来中，这个人透出很强的
组织能力和美国人中少见的深厚文化底蕴，因此我想象他应该是一个
高大、戴着眼镜的政治家 —— 一个爷爷级的洞悉生活中一切事情的
欧洲人，他应该有着很长很长的生活阅历，遭受过战争苦难，在许多
著名大学开讲座，经历过 6 次离异，等等。但这些显然都不是。他实
际上个子不高，像个眨眼的不倒翁，整个看起来就是一个能够熟练驾
驭艺术的波希米亚人。他带来的那箱葡萄酒足以证明一切。

　　我们的交流是在泽普组织的关于突现现象的多学科研讨会上，这
是他多年来组织的一系列跨文化聚会中的一种。这个主题一定程度上
是出自我的失误，在一次聚会上，他提议我们应该找个大家都能谈出
点什么来的话题，于是我就提交了这个议题。这是一件非常难办的事。
我们科学家倾向于将艺术、历史等当作一种兴趣来谈论，太过复杂对
我们来说无甚益处，而人文学者则倾向于将物理学、化学等当作一种
有趣的谈资，但过于简单的讨论在他们看来有所不值。因此大学生活
中能够引起每个人强烈共鸣并都认可的话题，就只能是那种能够从原
始简单性生长出复杂性的广泛概念。

一番自我介绍和客套之后，泽普和我走进了咖啡屋用早餐。里面已经来了不少他邀请来参加讨论会的人，有些是熟识的面孔，但大多数不认识。一个好的校园活动家的特长就是知道如何能为来访者筹集旅费。入口处啜着咖啡的是宇宙学家安德烈·林德[2]，他那丰富的幽默感和哲学爱好（他是俄罗斯人）常使系里的会议气氛热烈。在他边上是生物伦理学者桑德拉·米切尔[3]，此刻他正站在那儿嚼着松饼，四处张望着，想找人理论一番。对面拐角处是材料工程师约翰·布拉夫曼[4]，他正精神抖擞地向宗教学者凯瑟琳·皮克斯托克[5]说明出现纳米电子学和微型机械装置的必然性，后者缴械般微笑着，同时机智地将话题转到当今普遍存在的关于人的痴迷气质的讨论上。计划生育用口服避孕药发明家卡尔·德捷拉希正神采奕奕地向周围人讲述着他对性问题的新认识。[6]哲学家马丁·西尔，肩膀上披着他那件欧式外套，正站在另一拐角全面评述海德格尔。[7]人类学家丹尼斯·施曼特-贝瑟拉特站在附近，一边不时取用一片甜瓜，一边用抑扬顿挫的法语口音评论着巴勒斯坦人。[8]在她身后，律师里奇·福特正放下橘子汁，[9]满嘴的专业用语加上连珠炮似的句子压得对方无从招架。计算机大师特里·威诺格拉德则在他背后耐心地向某个挑战权威的计算机高手解释着何为人工智能。[10]意大利学者鲍勃·哈里森则走来走去，此时正插入到哲学讨论中，像是要对这群人做一番秘而不宣的估价。哲学家安德列亚斯·卡布里兹看上去显然还没摆脱时差的困扰，正站在一边唠叨着最近从欧洲飞过来的那种感受与但丁《地狱》中的描述几无差别。[11]在他旁边，德安·弗¹⁹⁶拉德·戈德奇希以友好而权威的语调谈论着中东政策。[12]

人类学家有个奇怪的做法，就是围绕用词而不是事情来组织讨论——这和自然科学中的情形正相反——大概是因为他们的工作就是要搞懂人是怎样工作而不是机器是怎样工作的。早餐之后，每个人带着各自对"突现"一词的理解介入讨论，场面如同周一早上的芝加哥商品交易所。经过两小时的诸如"突现就是突然出现的行为"这样的绝妙论述，这个概念看起来显然不太好把握，就如同波特·斯图尔特法官对色情证物所做出的著名表述：我无法断定它是不是，这要等到我看过之后才能下结论。[13] 但随着研讨会的持续，事情慢慢集中到几个强有力的事例上。[14]

我记得最清楚的 —— 这部分要归功于埃德温·威尔逊丰富的电视特写 —— 是社会性昆虫的自组织。[15] 在回答某些评论时，我展示了原子的自组装，桑德拉指出，蜂巢也没有管理者 —— 没有一个个体来决定谁做什么事或总体经济该如何建构。蜜蜂只是自我管理，蜂群的性质就编码在个体蜜蜂的行为上，正像康威的《生命》游戏是由几条简单运行规则写成的那样，要预测其结果也有类似的困难。由此蜂群获得了一种超越其组分单元的意义，就像简单元胞自动机运行结果的结构一样。

对蜜蜂经济的考虑自然会导向对人类经济的考虑，我们也确实是这么讨论的。在此我从贡布雷希特和西尔那里学到了不少我所缺的知识，他们指出，这些概念具有反马克思的弦外之音。按马克思主义者的理解，为了做到人人为我、我为人人，社会主义的基本前提是现有的人类行为法则应当由政府来控制。但如果经济实际上是按复杂的组织原则来运行的，而这些原则又是按你无法推定的人类行为准则来编码的，那么这种思想就不可能完善。在如今这个到处都是麦当劳和中国产品充斥沃尔玛的时代，人们经常听到说经济"太复杂"了，微观上简直无从管理。但这无异于说某些化学过程"太复杂"了，微观上根本不可控。由此可归结出一个道理：经济的实质不在于必需品 —— 食物、住房、交通、健康等，而在于由它们产生的更高层次的组织性。

解释完世界经济，我们受此启发，深入到对意识问题的思考。正如你做这种思考时会遇到的一样，讨论很快集中到意识是否是物质的这种问题上。皮克斯托克教授争辩说不是，但反对派观点直接将问题上升到对不道德行为的意识形态批判。威诺格拉德反驳说，这是荒谬的，精神（mind）只能是物质的（material），在理解它如何运作的问题上无所谓道德不道德。我很同意特里的观点，因此克制自己不要去想《永恒的毁灭公爵》[1]、互联网色情文件和垃圾邮件等。他指出 —— 我也有同感 —— 对精神的物质性的严格检验正在推动建造能展示意识的机器。他还承认，到目前为止，所有的努力都流于缺乏目标，因此要对皮克斯托克教授的论断进行裁决还为时过早。他说计算机科学家当前认为，出错是技术性的，其根源在于让计算机执行微观上一切事情的管理是根本不可能的。如果意识不包含在程序本身内，而是程序执行产生的逻辑结构的突现性自组织的结果，那么你就能建造有意识的机器，只要你能够给出完全明白的相关组织原理。他说这种认识 198 正是现在追求写出能够有"适应性"行为程序的动因，所谓"适应性"就是根据以往行动结果来改变规则库。

从精神构成的逻辑结构我们又扯到精神产生的逻辑结构，这大致是从对法学的大量成文案例讨论开始的。里奇告诉我们最近在法学界闹得很火的一场争论，主题是法规是不是客观的。英美法学家，他说，

---

1. 一款情节几近乱真的电脑暴力游戏。——译者注

明显倾向于"理性主义"观点，就是说按照概莫能外的基本原理或政策目标，合法的争议能够也应当就地解决。但立法机构实际成文的法律常常是笼统的，法院在实践中有相当大的认定适用法律条款实际意义的自由。只有当一场审判成为范例之后，这条法律条款才能得到可预期的结果。从理性主义的观点看，就法律生效而言，这种事实上的法院立法能力是不良立法的一个征象，你会由此穷追不舍直至发现症结所在并将之除去。但日益壮大的"非理性主义"学者则认为，这种模糊性和法院系统的执行谈不上病态，它们使法律具体化正体现了所有立法性质的核心。他们争辩说，法律的完全逻辑发展既不可能也无必要。

这场法律讨论的一个附带效应就是使得卡尔看不到技术调整的实践必要，这直接关系到他的重大发明以及他所关心的其他事情。他十分生气：监管性的法律经常变化无常并被曲解，其根本原因在于立法者不能充分了解带来重大技术进步的社会动因，技术进步往往会带来预想不到的后果。他举了个具体例子，育龄妇女越来越倾向于将卵子取出保存留待日后受孕 —— 由此生育被推迟到38岁的危险年龄 —— 这对不育症的治疗造成了难以预料的后果。他认为，要控制这种趋势根本不可能，对社会来说，处理这种问题的最佳途径是顺其自然，然后修订监管性法律以适应历史条件，除此别无他法。

卡尔从律师角度给予的猛烈抨击给了丹尼斯勇气，她举出她教科书中的一个例子 —— 也是精神自组织化产生的重要例证，那就是写作的发明。围绕这个主题的历史事实可以说充满矛盾。[16] 某些学者主张，写作起源于公元前3300年的美索不达米亚，然后才传播到世界其他地区。而另一些学者则相信它至少是在三个不同地区 —— 近东、中国和美索不达米亚 —— 在不同程度上相对独立地发展起来的。但丹尼斯解释道，至少是在古代近东，有确凿证据表明写作要比计数技术出现得更早，计数能力是农业社会生存的先决条件。从一定程度上说，她说，某个人决定用由泥土做成的简单几何体记号来表示物品，就是导致写作起源的最初也是最基本的一步，这个雪球一旦形成，就会在应对挑战中越滚越大。

由写作的讨论又演化到语言本身起源于何处的更广泛的热议。它的发展自然要远远早于写作，但要用事实证明这一点则更加困难。但弗拉德指出，历史记录上有令人惊喜的线索。人们认为，如今教的散文就是写作和思考构思的自然形式，但这并不正确，它是由诗歌发展而来的。诗的节奏和韵律、形态使得事情变得容易记忆，因此什么事情甫一出现，即被理所当然地以诗歌的方式保存下来。

就这么从一个主题跳到另一个主题讨论了一上午，大家都有点累了，注意力开始下降，最后终于又回到生命的意义这个原先的主题上来。但就是这个主题也牵扯到许多因素。桑德拉指出，规划生命的宏愿带有太大的不确定性，因为任何一个因素 —— 疾病、离婚、生育、失业等 —— 都会使人的未来带上很大的不可预测性。我们大多数人都在直觉上明白，良好的精神健康包括以柔克刚和灵活应变能力，这样才能使我们的生命得到延续。这一常识性概念在马丁·西尔的书《让自己坚定不移》（*Sich Bestimmen Lassen*）中有精妙的总结，其要点就是：在人类活动领域，有些事是不可控的，必须顺其自然。

时近中午，大家的脑子差不多都动不起来了，于是我们礼貌地中止了讨论，到外面温暖的阳光下享用主办者招待的午餐，泽普带来的那一箱酒派上了大用场。这顿饭注定会拖上很长时间，大家的酒杯不时地被填满，泽普的酒箱变得空空如也。看到主办者的计划如愿实现，真令人有说不出的高兴。

午饭持续了近一个小时，友好随意的交谈慢慢汇聚成一个严肃的集体成果：从上午的讨论中综合出"突现性"的确切定义。作为学术讨论，与会者往往忽视了这样一种危险：细节上准确了，但总体上却是错的 —— 正好比盲人摸象 —— 顾及一点不计其余。最终大家达成这么一个答案：突现性是指由简单规则产生的复杂的组织结构；突现性意味着确定性事物表现出的稳定的必然性；突现性还意味着在大量统计事件中出现某些小事件造成大变化和性质变异的不可预测性；突现性意味着控制从本质上说是不可能的；突现性是一条人类必须臣服的自然法则。换句话说，这么一帮对突现性的技术定义不甚精通的人文学者取得了共识：我们借助测量获得的抽象原理适用于原始自然界。这多有趣！

对这个结果我不感到意外，因为我认为这些原理都是自明的，只需要适当渠道使之彰显。但不管怎么说，能够见证这一点总是令人高兴的。它切实说明，你或许会争论上很长时间，但我希望的解释很简单，就是人的行为与自然界行为十分相似，因为它们都是自然的一部分，都遵从同样的法则。换言之，我们与原始事物相类，因为我们就是由它们组成的 —— 而不是因为我们将它们拟人化或用我们的意志控制它们。生命的自组织性与电子的自组织性之间的这种平行不是偶然的或是一种错觉，而是有其物理上的必然性。

因为大家都是搞教育的，因此我们没有明确地讨论一个十分重要的"突现"现象，那就是大学的目的是要通过像我们这样的人的自发聚合来产生新思想。我岳父总喜欢说没人说得清为什么孩子要学习阅读。他们本来就会。这就像没人知道为什么人的大脑会不断发展并由成年进入老年。它就是这么变的。我们搞教育的都喜欢赞美青年人心智的超前成熟，但其实这很不妥当。它鼓励形成这样一种教育制度，就是将聪明学生从表面上欠聪明的学生中挑选出来。这种做法看似必要，实则伤害了大多数学生，而且年龄越大的学生受伤害就越重。没有父母愿意自己的孩子失去竞争力，但每一位父母又都希望孩子过得好，其中之一就是能学一遍就懂，并且从大家认为很不相同的事情中找出共性来。我也是一位家长，我知道真正学得生活和知识的地方不只是在教室，还在人际交往中，在阳光下的野餐桌旁。 202

这次聚会最后以令人愉快的方式结束。下午，我们驱车来到圣克鲁斯山脚下德捷拉希家的农场，他已经将其改造成一个专供艺术家隐居的场所。你可以去那儿饱览珍贵的雕塑园以鉴赏他的艺术趣味，享受广袤的林区环境，体验日落时的那份静谧。那里还有个关于计划生育的大笑话，源自它的名字SMIP，我们将它读作"Syntex使一切成为可能（Syntex Made It Possible）"[1]。这趟远足之后，我们齐聚洛斯加托斯一家名为Manresa的地方享用晚餐，这是一家法国大厨开的饭店，他创制的小型宴席让我们对新式烹调艺术大饱眼福，宴会厅处处点缀着波希米亚烛光和珍稀的工艺品。泽普为此次活动租了辆加长的豪华大客车，省去了我们对于过度疲惫的担心，考虑可谓周全。饭后我们

---

1. Syntex是美国一家著名的药品公司名。——译者注

回到校园，交换了名片，互道珍重，然后便各自打道回府。到家后我向妻子解释这一天发生的事情，可她对讨论会的人文方面比我更感兴趣（这也是物理学夫妇间常有的事情）。

睡下后我做了个梦，梦见一位花心的教授早上三点钟衣着不整地回到家，头发散乱，领带也不系，蹑手蹑脚地摸进卧室。突然灯"唰"地亮了。"说说干吗去了。"妻子命令道。"噢，"他顺从地应答道，"我承认，在外和朋友喝酒来着，输了点钱，还有姑娘作陪。""你别骗我了，"她胸有成竹地说道，"一定又在做物理。"

203　　　　我从我这么多年的学术活动中体会到，《圣经》里亚当和夏娃的故事其实是错的。不是蛇告诉夏娃去吃知识苹果，她吃了，还让亚当也吃了，结果上帝罚他们做艰苦的工作直到老死。实际情形是，亚当和夏娃在一家名为知识的中国饭店里吃了蛇，并饱餐了荔枝和幸运饼。亚当打开他的饼，朗声读道："这是宇宙的方程，你的计算很走运。"夏娃打开她的饼读道："这个男人说的都别信。"于是便有了我们这个世界。

第 16 章
突现论时代

> 始终把宇宙看成是一个活体，具有实体和灵魂；要注意各种事物如何与知觉相关联，与一个活体的知觉相关联；各种事物如何以一种运动方式来体现；这些事情如何成为一切存在着的事物的合作性原因；还要观察纺线的持续旋转和网的编织。
>
> —— 马可·奥勒留[1]

据我的经验，生活要过得好就别离新时代太近。像我这个年纪的人已经经历了几次时代变迁，尤其是大同时代[2]，按占星术士所说，这个时代始于1997年1月23日格林尼治时间17：35，实际上已经过去了很久。对新时代充满希望是现代社会的一个熟悉的特征，我们大部分人都是乐观主义者，相信明天会更好，因此很容易唱高调。但实际不是这么回事，例如，大同时代并没有如我们期望的那样带来启蒙、和平和友爱，而是充满了职业焦虑，家庭生活因艾滋病、低报酬活计、越来越被社会忽视以及生物战争等而变得五味杂陈。[1] 新时代就像

205

---

1. Marcus Aurelius (121 — 180)，古罗马皇帝（161 — 180），新斯多葛哲学的主要代表，著有12卷格言体哲学著作《沉思录》。——译者注
2. Age of Aquarius，占星术中以人类征服太空、享有高度自由和博爱为标志的时代。——译者注

一幢新公寓楼、一部新轿车，时间长了就会黯然失色，就会被考虑是不是又得由更新的来替代。

206 人们对新时代的向往犹如下时对影片《终极真理》[1]的渴望。譬如你现在上网搜一下，除了基督教的教会站点，你能找到许多与终极真理相关的链接，什么终极真理与"涅槃"乐队、终极真理与南美纳粹、终极真理与外星人、终极真理与《可兰经》、关于卡里·格兰特的终极真理、《终极真理在线杂志》、终极真理在俄罗斯滚石乐队、X级视频《终极真理》、资本效用型世俗化世界的终极真理，等等。这种狂热的终极杰作当属道格拉斯·亚当斯的《银河系漫游指南》[2]，书中计算机深思（Deep Thought）宣布，经过750万年的辛勤工作，它已经发现了生命、宇宙和一切事物的终极问题的答案。这个答案就是数字42（forty-two）。[2] 但随后组装的科学家从深思那儿得知，这是答案，但问题却不明确，于是他们指示它设计一台更大的名为"地球"的计算机来找问题。"地球"造好了，花了30亿年来思考这个问题，不幸的是，在它正准备公布结果之前5分钟，它被沃根斯（Vogons）干掉了。

终极真理极易受到讥讽挖苦，因为它是这样一个概念：我们大多数人都将它当作生活的终极目标来求索，但实际来看则是既无益又浪费时间。一个沉迷于终极真理的人得是一个没有经济负担的人——法国作家伏尔泰《老实人》主人公康第德的原型。终极真理这个概念

---

1. *The Ultimate Truth*，2003年上映，由Nick Clark和Tom Swanston导演的喜剧片。——译者注
2. *The Hitchhiker's Guide to the Galaxy*，英国文学家道格拉斯·亚当斯（1952—2001）的成名作。原为1971年他为BBC创作出的一部广播剧，一炮走红后，一发不可收拾，一口气又出了4部续集，后被改编为各种版本的电视剧和电影。——译者注

的意义如今也有点让人摸不着头脑，例如，有时候它指《圣经》金律[1]这样的道德原则，在通常的实用主义行不通时，我们就会以此为准绳，因此它是一个人的道德核心。这当然是有用的，但它常遭人诟病，说它只是人头脑里的软件，要比化学和物理学的终极真理低一档次。另一些时候它又指那些经常发生的有哲理意义的事情，譬如停车位只有在你不需要的时候才会空出。还有些时候它指更深层次的、除它之外的所有事情皆出于此的自然律——这种与生存法则相混淆的状况注定要导致像42这样的荒谬结果。因此，用终极真理作为道德取向，同时又分辨不清其所指，这是我们本性中固有的矛盾。

科学对思想最有趣的贡献之一，是在自然界原始水平上发现相似的矛盾。尽管它是否一定要这么做这一点还缺少合理性，但某些特定系统的简单性确保我们能够证明的确如此。虽然超自然的干预总是很难被明确驳倒，但可以肯定，在这个层次上这种批驳不是必需的，所有这些神奇的行为都可以归结为由基本法则衍生出的自发的组织现象。我们还知道，像流体力学规律这样的简单而绝对的规律不仅可以从更基本的法则中推演出来，而且独立于基本法则，就是说，即使基本法则出现了变化，这些规律也不会改变。

对这些问题做认真思考后，我们不由得会问，哪一项法则更为终极？即一切事物皆出于此，连超越一般的突现法则亦概莫能外？这个问题是语义上的，不会有绝对的答案，但它明显是一个由生存法则从属于化学和物理学定律的说法引出的一个基本道德难题。它以一种讽

---

1. Golden Rule，《圣经》中所说的"以你希望别人怎样待你的方式对待别人"的做人原则。——译者注

喻的方式显示出一个人如何能够轻易地把握其中的一种法则而对其他的法则一无所知。这种认识论上的障碍并不神秘，而是物理上没认识清楚的结果。

这两种终极概念——无限可分法则与集体法则——之间的冲突有着非常悠久的历史，不是几分钟的反省或随便交流交流就能解决的。我们可以说这种冲突代表了思想两极之间的张力，这种张力就像古典音乐中主音和属音之间的反复交替推动着奏鸣曲发展一样推动着我们对世界的理解不断深入。在某个历史阶段，一种概念可能占主导地位，但这种压倒性优势只是暂时的，因为认识的实质就是这个矛盾本身。

尽管我不喜欢这种或那种时代概念，但我认为这样一种提法是适当的，那就是当前科学已经从还原论时代过渡到突现论时代，一个对事物终极原因的无限细分性探索已为集体行为探索所取代的时代。我们很难确认这种转换发生的具体时间，因为这个过程是渐进的，且由于研究对象的扑朔迷离而显得更加模糊。但有一点毫无疑问，那就是当今科学研究的主导模式是组织性的。这也就是为什么譬如说如今不再要求电子工程系的学生学电学理论——尽管它很优美，也富于启发性，可它与程序化的计算机不相关；为什么干细胞会出现在新闻里而酶催化功能则以小字体被印在肥皂的外包装上；为什么有关玛利亚·居里和卢瑟福爵士的电影会没人问津而《侏罗纪公园》和《龙卷风》会走俏的原因。这些新片的影迷们关注的并不是具体情节的逻辑关系，而是宏大的组织现象——一开场，"哇！这片子对味儿！"

耐人寻味的是，还原论的异常成功为自身的衰落铺平了道路。对微观客体的细致定量的研究不止一次地表明，至少在原初的水平上，组织的集体原理不只是一出古怪的客串表演，而是一切——是包括我们所知的最基本定律在内的一切物理学定律的真正根源。测量的精确性确保我们可以满怀信心地宣布，对单一的终极真理的研究已经到头——或者说，已经失效。大自然这座巨大的真理之塔，随着测量尺度的不断扩展，每一层都建立在前一层的基础之上并又超越前一层。就像哥伦布或马可·波罗，原本是要寻找一个新国家，结果却发现了一个新世界。

突现论时代的来临使数学绝对权威的神话寿终正寝。不幸的是，[209] 这一神话在我们的文化中仍根深蒂固，这从传媒和大众出版物不断鼓吹将终极法则作为唯一值得追求的科学活动这一事实就可以反映出来，尽管大量的、压倒性的实验证据表明，实际情形其实正相反。我们可以通过下述方式来反驳还原论的神话：就算用于证明的法则是正确的，那么请那些聪明人拿过来预言些事情让我们看看。他们做不到这一点，这就像《绿野仙踪》里桃乐丝要回到堪萨斯一样困难。原则上你可以这么去做，但需要先搞定一些令人讨嫌的技术细节。在这期间，你想必会临时陶醉于理论开出的空头支票，而且听劝不去注意幕后的人。但问题是奥兹[1]是不同于堪萨斯的另一个世界，在现实中讨论由此及彼毫无意义。实际上，认为集体行为是随法则而来的认识同样是一种倒退。法则如同出自集体行为的其他事情如逻辑和数学一样，是从集体行为中得出的。我们的心灵之所以能够预见和把握物理世界

---

1. Oz，《绿野仙踪》里的仙境。——译者注

的运动规律，不是因为我们聪明睿智，而是大自然通过自组织使我们的理解变得容易，并从中得出法则。

　　这个时代与上一时代的一个重要区别是我们对恶性法则给予了与良性法则同样的关注。良性法则，譬如刚体法则或量子流体动力学法则，通过保护产生出数学上的预见功能，这种保护是指理论对某些测量量的样本不完备性和计算误差不敏感。假定这个世界的某个地方只容许良性法则，那么在那里，数学一定总是预见性的，而且把握自然可归结为造出容量足够大、运算能力足够强的计算机，保护性将医治一切误差。但我们实际居住的世界却充满了各种暗藏的法则（dark laws），它们通过加大误差、使测量量对外界不可控因素的高度敏感等方式使可预见性丧失殆尽。在突现论时代，寻找这些暗藏的法则并使之大白于天下就成为一项基本任务，因为不做到这一点我们就会落入虚妄的陷阱。陷阱之一就是漫不经心地去穿越相关性壁垒，由此产生各种看上去成立的逻辑通道，它们始于近乎相同的前提，却得出完全不同的结论。当出现这种效应时，讨论就会因为事情有实验无法鉴别的另一种"解释"而带上政治色彩。另一个陷阱是猎取欺骗性火鸡[1]，一种让人总也看不透，无论实验技术如何改进也无法予以确认的虚幻法则。暗藏的法则带来的模棱两可使这种骗局变得更隐蔽，这类欺骗性为那些对实验者一时兴之所至的作为非常敏感的事情贴上定量和科学的标签，但实际上这些事情充其量也就是一种观点。

　　希腊众神的出现是一系列政治妥协的结果，这种妥协是战争中

1.典出于马克·吐温的小品《猎火鸡上当记》，见第12章的译者注。——译者注

获胜一方不是采取铲除失败者的神祇（那样做太难了）而是让它们臣属于自己的神祇的方式来确立自身的权威。[3] 因此古希腊神话其实就是早期希腊文明巩固自身的真实历史事件的寓言体。在此情形下，"实验"就是战争，"真理"则表现为政治现实，创制神话法则的心理因素与我们今天确认物理法则的心理因素如出一辙。你可以认为这两者都是人类的病态行为，但我更倾向于从物理学观点看问题，就是说，政治和一般意义上的人类社会均起源于自然，且属于原始物理现象复杂的高级形态。换言之，政治就是物理学的寓言形式，而不是相反。然而这两者不论哪一种，其相似性都提醒我们，一旦科学变得带有政治色彩，它就与国教难以分辨了。在一个众口一词的真理系统中，作为权宜之计，虚假的神也会系统地厕身于众神之列。宇宙起源研究之 211 所以有时会像在古希腊时出现的那样被认为是一种虚构，也正是基于同样的道理。

　　希腊人创造的神话对当代生活中的许多事情都是有力的讽刺，特别是在宇宙学理论方面。像大爆炸这样的爆炸性学说是很不成熟的。各种爆炸理论，包括大爆炸最初的皮秒阶段，都是在穿越相关性壁垒，因此内在地就是不可证伪的，尽管它们大量引证了支持性"证据"，像恒星表面的同位素丰度和宇宙微波背景辐射的各向异性性质[1]，等等。人们甚至可以声称从飓风的风暴危险性推出了原子的性质。除了大爆炸学说，我们还遇到其他一些用于哺育具有不同性质的婴儿宇宙的根

1. 最初（1965年）彭齐亚斯（Arno Penzias）和威尔逊（Robert Wilson）首次观察到的宇宙3 K 微波背景辐射的确是各向同性的，因为当时测量的精度还比较低。后来（1989年）美国航空和航天管理局（NASA）启用宇宙背景探测卫星（COBE）进行了更系统、精确的观测，发现这种背景辐射确实存在各向异性，其来源之一是地球、太阳、银河系、本星系群乃至本超星系团等观测基点相对于普通哈勃流运动所产生的多普勒频移。详见《天文学：物理新视野》，[美] M.L.库特纳著，萧耐园、胡方浩译，湖南科学技术出版社，2005年版。——译者注

本不可证伪的概念，这些性质都是在暴胀阶段之前就已产生，但由于超出视界[1]，现在根本就不可能探测得到。至于人存原理 —— 一种关于我们的宇宙之所以具有现在这些性质就是因为我们身在其中的"解释"——其不可证伪性就更不消说了，想象一下伏尔泰当年可能就曾用这种素材进行过创作就令人不禁莞尔。在电影《超时空接触》里，女主角朱迪·福斯特（Jodie Foster）向她的男友建议说，人类可能已经创造出上帝以弥补他们在这广袤宇宙间孤独而脆弱的情感。其实如果她谈论的是不可证伪的宇宙起源理论，那她就更切题了。这些理论的政治企图与古希腊人的政治企图是完全一致的。

宇宙学理论的政治性质清楚地说明了为什么它们那么容易与弦论合为一体。弦论实际上是一堆与宇宙学没什么共同之处的数学概念，是一种对虚构物质的研究，这种物质由弦而不是现今实验所显示的点粒子组成。这种理论让人想想都觉得十分有趣，因为它有那么多的简单而有趣的内在关系。然而，除了维系终极理论的神秘性之外，它没有任何实际用途。没有任何实验上的证据表明自然界里有弦存在，弦论特殊的数学计算也没能使现有的实验事实变得更容易计算和预测。不仅如此，由当今强大的加速器得到的复杂的空间谱特性在弦论看来还属于"低能现象学"范畴 —— 一种对物质的那种无法由第一原理计算得来的卓越的突现性质的贬义用语。实际上，弦论是欺骗性火鸡的课本形式，是一堆永远可望而不可及的漂亮概念。且不说它离明天更为精彩的技术期望有多远，单就作为一种过时的信仰体系（其中突现性不起任何作用，也不存在暗藏的法则）来说，它就免不了要落得

---

1. the light horizon，宇宙学核心概念之一，通俗地说就是特定时间内光线所能达到的最大距离。——译者注

个悲惨的结局。

　　与希腊人宗教信仰的类比也可以用到研究序列的另一端，在这里，科学家之间为争夺谁的突现性神更强大而进行的战争也是家常便饭。例证之一是关于普通半导体电性的研究。据说在我上小学的那个年代，硅谷的半导体物理学家的营寨基本相安无事，大家敬拜的是结晶性这尊大神，它的女儿们——价带神和导带神——则带来了晶体管效应和繁荣。但随后，敌对的化学家阵营入侵，他们敬拜的不是晶体而是分子，而且相信它的后代——最低的未占满分子轨道神和最高的占满了的分子轨道神——是晶体管效应的真正原因，旧神的崇拜者退居次位并出现分化。两大阵营开始血拼——战斗的武器是造谣、设陷阱和拒绝使用对方的概念，双方都希望掐断对方的经费来源以便战而胜之。虽然双方打了个平手，但其流毒至今犹存。这样的冲突经常发生，目的其实并不在于概念争论而在于钱，这些战神实际上是同一 213 件事情的不同名称。类似的战争也出现在生物学，只是在资源争夺这一点上表现得更为恶劣。

　　向突现论时代的转变还有个特征，就是反理论的威胁日渐增强，各种思想停止了探索，导致发现被阻滞。在今天，反理论的威胁变得更严重了，因为相较于过去，这种思潮更容易产生，但消除其影响则要困难得多，其部分原因在于对它的需求增强了。一个法则（有些是天使，有些则是恶魔）增生之风盛行的世界要比由一个仁慈宽厚的主导法则（如进化论）统治的世界无趣得多，在后者的世界里，我们可以不必搞清楚其他东西。突现论时代最主要的反理论思潮是认为已经没有什么基本原理有待发现了，因此我们这个时代要做的只是一堆不会以任何人的名字命名的细节完善工作，它们需要的是经营策略 —— 资源配置、竞争性广告、适者生存，等等。一个必然的推论就是，不存在绝对真理，有的只是像衬衫和汉堡包这样的产品，用过即扔。反理论是一种危险的意识形态，这不仅是因为它阻碍人们思索，还在于它诱使人们无视对手用之形成竞争优势所产生的威胁。

在突现论时代，意识形态比过去更易让人失去理性。因为这些派生性法则非常微妙，得花很大代价才能正确地明白其究竟，而我们所有人都是怀着强烈的经济目的从对我们有什么好处的角度来看待这些法则的，即使它不正确。要使这种欲望得到升华需要极大的自制力，特别是在关乎我们的生计风险的情形下就更是如此，普通人不可能总是这么做。结果，所谓公认是基于现代科学的知识实则并不正确，这样的事例比起还原论时代的情形要多得多，这迫使我们必须比以往更谨慎地对待这些知识，也更难取得共识。

214　　　我第一次到上海是今年春天，[1] 是随同一个很棒的日本同行小组去出席一个小型年会的，私下里我称他们为七大金刚。[4] 这些人业务上都相当棒，跟他们交流我们这个行当里的重要事情总是让我有焕然一新的感觉，也免去了旅行带来的诸多烦恼。以前这种会议都是放在夏威夷，这次放到中国，一是想给中国同行提供些帮助，另外也节省点费用。当时萨斯（SARS，严重急性呼吸综合征）初次爆发，客观上也有助于费用控制。萨斯刚开始流行时情形确实可怕，但还不到让人胆怯的地步，关键场合我们都戴上口罩。西方人访问民族风情

---

1. 指2003年。——译者注

浓郁的中国，体重增加是不可避免的事，中国和法国一样，都是美食之国。在中国文化里，用丰盛的美味佳肴招待贵客那是应有之义。每餐都有大量剩余，而且尽是好东西。因此在挂着瀑布、墙上嵌着克林顿总统入住时的巨幅照片的金庙大饭店，一道道佳肴，从汤圆、海鲜、酱猪肘到基围虾、湖南辣子鸡等，应有尽有，喝的是当地名牌啤酒。那个晚上，有些同事饭后还去了爵士俱乐部，但我已经不行了，决定和剩下的几位同事一块儿回旅馆。外滩让各种灯火装点得就像好莱坞的外景地，徜徉的一对对情侣顾不得拥挤，尽情地享受着夜色。这情景会一直持续到夜里11点，直到熄灯为止，此时高音喇叭开始提醒每个人回家。

我们这些生活在工业发达国家的人知道，取得今日之成就对中 ²¹⁵ 国不是件容易的事，我估计要让严酷的自由市场经济最终与社会主义经济体系相融合，他们面前一定还有不少困难需要解决。但感情上说，这么做毕竟是勇敢的和正义的。在上海时，我向一位中国同行提到了这个问题。他是一位思想成熟、热心的人，曾在意大利的里雅斯特（Trieste）的国际理论物理研究中心工作过很长时间，现在已回北京。他想了一会儿，然后评论说我的观察是多么的美国化，他的本意显然是恭维我。

当代科学里的古希腊人痛苦的回声向我们昭示了为什么在突现论时代我们不能生活在不确定性之中，至少不能生活得很久。人们经常听到说，甭管行得通行不通，我们都得这么做，因为主导法则解决不了这个问题，而派生性法则又昂贵得无法实施。但这种论调实际上是一种倒退。对于研究对象成倍增长的细微程度，我们更需要高度定量的测量，而不是相反。那种无法精确实施或虽精确却无法重复的测量永远不会与政治脱节，从而必定会产生各种神话。这种阴影越浓重，其中的科学性就越低。从这个意义上说，精确测量就是科学法则，那种视精确测量为不可能的研究环境则是于法无据的。

　　对精确性的追求反过来又使得对另一种古希腊传统的需要倍增，这就是对思想的公开探讨，并将有意义的概念从无意义的概念中无情地剥离出来。仅有精确性并不能保证良法。在突现论时代，财政举措起着冲淡文章内容的副作用，有一个著名的笑话，说是《物理评论》如今越出越厚，一期期地码起来，页面出张的速度跑得比光速还快 —— 但这不违反相对论，因为《物理评论》根本就没内容。这个问题并不仅限于物理学，它的出现是因为大型实验室都面临这样的窘境：如果不能使其工作免遭批评，它们就无法得到所需的财政上的持续支持。因此典型的做法就是形成专供自己用的垄断性出版物，按自己的想法来设定哪些概念和思想是重要的，至于这些思想是否真的重要倒在其次。在极端情形下，有人搞出个复杂测量的综合网络专门用来给期刊灌水。要出现真正的进步，就需要在技术上掺杂一些创造性的破坏。人们或许可以用阴阳相生相克来作为对这种创造性协同作用的比喻，但我更喜欢把这种互锁的象征性符号理解成塞纳河的左右两岸。右岸是政府和测量，左岸是无政府主义和艺术，两岸间的冲突造就了巴黎。我的一个法国同行说得更逗，"是的，"他说，眼里闪着兴奋的光，"我就曾住在右岸。"

　　回溯到1998年11月，也就是宣布我获得诺贝尔奖的那个月，所有新当选的获奖者及其配偶都被邀请出席在华盛顿的瑞典大使官邸举行的晚宴。实际上，从大使方面说，这是个聪明的动议，因为他拿我们当道具，把政府政要引到家里来了。这工作效果多好。

我这桌有一位人士的标签上写着"莎菲尔"，但我疑心这是专栏作家"威廉·莎菲尔"名字的简写，于是就问座位的主人是不是威廉·莎菲尔，他说是，他就是那个著名的专栏作家。在我们的右边是一对夫妇，他们知道后兴趣大增，轻声地向我夫人和我解释说，我们未必事事都赞同这个人的观点，但他的文章的确给我们带来极大的享受。这说明莎菲尔先生对许多事情都有着详尽的了解，包括令人感兴趣的物理学问题。他与莱昂·库珀是同学并且至今仍保持着经常性联络，后者与约翰·马丁和鲍勃·施里弗一同因超导理论获得了诺贝尔物理学奖。随后，莎菲尔扔出了一条爆炸性新闻：莱昂相信物理学就要寿终正寝了，他认为已经没什么重要的事情可做了，并已考虑转向信号处理的模拟研究的路子上去。

这时候大厅中央出现一阵骚动，主持人发布了一条公告：饭后的娱乐节目是请新获奖人公开解答听众提出的问题，当然这些问题须提交主持人经过适当遴选。于是每个人都急切地在小纸条上写下了自己要提的问题，崔琦、霍斯特和我则离开座位步上讲台。当主持人最终把问题和话筒递交到我们手上时，我们发现所提的问题大多是一般的问题，什么您的工作有什么用啦，您怎么使用经费啦等。但霍斯特接到了一个难题：爱因斯坦理论在当今还管用吗？我断定这个问题出自莎菲尔先生之手，且不说我们刚刚交谈过，而且毕竟这个问题在公众心里是个普遍的疑问。霍斯特举起这个纸条摇了摇，支支吾吾地试图解释说他对此"不在行"，很难回答这个问题。如果是在半导体会议上，出于礼节，对这种提问是应当给予回答的，你可以是极端的保守派和装作对此不感兴趣，但对听众的提问不予理会则是非常不合适的，何况我们还都是很"在行"的物理学家，在此局面下这么回答也显得言不由衷。于是我请求暂时接过话筒谈谈我对这个问题的看法。我回答道，爱因斯坦的思想无疑是正确的，我们每天都在见证这个理论，但这个问题更深层次的意义显然并非要问相对论是否正确，而是要问基本问题研究是否还具有重要性，以及是否还存在有待发现的基本问题。我接着解释说，我在世界各地旅行时不止一次地听到过这种论调，从而认识到这是一种技术狂妄 —— 就像1900年有人叫嚣要废止专利局，理由是所有能发明的都已经发明出来了。但看看你周围，我说，甚至连这间屋子都到处充满着我们所不了解的东西，只有那些受教育过多因而失去常识的人才会对这些事实视而不见。那种认为探索自然的斗争已经结束了的想法不仅是错的，而且错得离谱。我们周围到处是神秘的物理奇观，科学的永无止境的任务就是要揭示它们。回答结束后是片刻的宁静，接着响起了热烈的掌声 —— 那种认为科学已经死亡的反理论论调在这一刻被摒弃。我回到座位，对这个结果感到相当满意，莎菲尔先生随后的建议使我更受鼓舞 —— 他建议我应当就此写本书。

大使晚宴上的掌声其实并不像想象的那般令人激动，在世界各地，我做过大致相同的演说，得到的也都是同样的回响。第一次不是在美国而是在日本。当时我认为，之所以有如此反响，大概是因为日本是一个佛教国家，但实际上并非如此。我在阿姆斯特丹也做过这样的演讲，反应几乎一样，演讲甫毕，立刻有许多人举手要求就具体问题提问。荷兰怎么说也是个非佛教国家吧。后来我在哥德堡、蒙特利尔和首尔又进行过类似的主题演讲，得到的反响始终一样。世界各地都对物理问题感兴趣，这不奇怪，真正令人惊奇的是各地的认识出奇的一致。各地似乎都有一群数量巨大的善于思考的人，他们来自各行各业 —— 有从商的、从医的、从政的、搞工程的、搞农业的，他们热爱科学，直观地懂得还有许许多多未知领域有待探索。

在向突现论时代过渡的进程中，我们要学会接受常识，抛弃那种将大自然高度组织化奇观化整为零的做法，承认组织本身就是重要的 219 研究对象 —— 在某些场合甚至是最重要的对象。量子力学法则、化学定律、新陈代谢规律以及我们校园里兔子见了狐狸就跑的生存法则，相互间呈递进的序列关系，但对兔子来说，只有最后这条值得考虑。

我们又何尝不是如此。那些不愿意弄明白事理的人不妨随我去7月的内地山区走走，那里没有对量子力学和基本粒子的迫切需要，生活也不困难。在清冷的早晨，我们将早早地起床，点起燃气炉，煮上可可茶。好在棕熊晚上都不活动，但那不是我们收藏食物的本事好，而是熊很聪明，它们清楚地知道该什么时候下到有人的大营地。我们坐在冰冷的花岗岩上，赞叹着片片云母光斑硕大的形状，呷着过热的巧克力奶，看着阳光给山峰镀上一层金色，并慢慢地下移。小溪在几步远的地方潺潺流过矮栗树丛，整个晚上都与我们相伴。在巉岩突出的阴影下或裸露的泥土里，到处是灰褐色的石块，上面覆盖着松针碎叶。其他人都还在酣睡。山下吹来一阵冷风，就好像早上交接班，一会儿就不见踪影了。阳光伸进峡谷，在一棵棵树干间滑移，终于铺满了大地，同时也引得那些贪睡的人不住地抱怨，他们现在明白，再捂在睡袋里就要被烤焦了。不一会儿，这种抱怨声就被登山靴踏出的脚步声和铝合金盆盆罐罐的叮当声取代了，周围又变得熙熙攘攘，说什么的都有，做麦片粥的争说"昨晚实际上是我赢了牌局"，有人则在嚷嚷"我的手纸搁哪儿了"。但随后，一切仿佛被神奇地组织化了：杂乱渐渐地变得井井有条，随身物品和装备慢慢地自组装成背囊，地面被收拾得像什么都没发生过，看得树上的金花鼠和松鸦目瞪口呆。接着我们便一起启程向顶峰攀登。一路上交谈少多了，泥泞和臭菘把大家折腾得够呛，上了林木线，攀岩更需要集中精力。山区通常就是这样，在阳光下攀登热得要死，但一到背阴处又冷得要命，这些由岩架形成的背阴地被岩间生出的松树分割得东一块西一块。经过长长的跋涉，我们翻过一处山梁，这才发现，山的另一面是一片平缓的开阔地，原先的小溪到了这里已变成一垄长满紫色仙人掌的沟壑，蜿蜒地穿过乱石岗伸向远方铺满绚丽野花的一望无垠的芳草地。无数大黄蜂正起劲地采食，就像在鼓捣一桩大买卖，我们的出现显然不合时宜，蜂群受到惊吓，呼啦一声全都跑得无影无踪了。我们沿着这片草地来到一个小湖边补水，顺便狼吞虎咽地塞下两份花生酱奶酪三明治和一些杏干，然后整装向第二个也更寒冷的山峰进发，眼前的道上满是各种马匹留下的蹄印。时间已是中午，我们得鼓起余勇，就像前方有牛排等着我们去享用那样，赶在太阳落山之前到达下一个货物集散地。延绵几英里的整齐的护栏穿过干草地，在一块突起的巨大漂石山梁上被断开，山梁下是一道 V 字形陡坡，直达玄武岩磐石的底部，石壁上涌出的泉水犹如天外来客，吐着白沫急急地奔向涧底。我们拖着疲惫的脚步走入暗红的杉树林，地面覆盖着松软的腐殖质和蕨类植物，凸起的石头显得光滑闪亮，最后我们终于看见了长满鼠尾草的大片草场。四周是难以逾越的群山，最西端的山影告诉我们这一天就要过去了。我们沿着水道继续走，现在它已经是一条咆哮的河。它穿过装点着雪

220

松和北美黄松的峡谷，爬上乱石嶙峋的山谷石壁，目的就像是往家奔。不经意间我们已沐浴在夕阳里，如火的余晖洒在冰川鬼斧神工的杰作上，使四周显得如画般神奇。现在沿河行走已经很困难了，河水向下 221 钻入深谷，穿出时已成为一条激流。我们走过高桥，激流在下面奔腾喧嚣，但光线太暗，已看不清它的模样。我们在黑暗中步履蹒跚地沿着淘金者炸开的古道辙印向前挪着步，终于看见了草场，然后是巨大的围栏，里面关着疲惫而满足的驮物牲口，再往前就是车站了。这时天完全黑了下来，我会带你穿过吱呀作响的挡风门来到饭店，为你买上一份牛排，这肯定是你有生以来吃过的最香的一块。

我们不是生活在发现的终点，而是生活在还原论时代的终点，一个人类通过微观来主宰万物的思想被无数事实扫地出门的时刻。这不是说微观法则是错的或是没用了，而是说在很多情形下，它被它的孩子和孩子的孩子 —— 即较高的世界的组织法则 —— 认为是无关的。

注释

前言

1. 科学与人文之间的冲突是人所共知的，见 C. P. Snow, *The two Cultures*（Cambridge U. Press, Cambridge, 1993）。

2. Aristotle, *The Complete Works of Aristotle: The Revised Oxford Edition*, J. Barnes ed.（Princeton U. Press, Princeton, 1995）.

3. 达尔文的论文非常直白，最好去读原文。见 C. Darwin, *The Origin of Species*, G. Suriano ed.（Bantam, New York, 1999）。

4. 正像美国版的《蒙蒂·皮松的飞行杂技》（1969—1974年间的一档英国电视娱乐节目——译者注）那样，"鸭子呼吸神秘剧"（Duck's Breath Mystery Theatre）是1975年由艾奥瓦大学的几个学生组成的一支表演队。他们后来转移到旧金山，以喜剧表演著称，并定期在国家广播电台《科学星期五》中出现。其录音和珍藏资料可从 http://www.drscience.com 获取。

5. B.Greene, *The Elegant Universe: Superstrings, Hidden Dimensions, and the Quest for the Ultimate Theory*(Norton, New York, 1999).（中译本《宇宙的琴弦》，[美]B.格林著，李泳译，湖南科学技术出版社，2001年——译者注）

6. J. Horgan, *The End of Science: Facing the Limits of Knowledge in the Twilight of the Scientific Age*(Addison-Wesley, Reading, Massachusetts, 1997).（中译本《科学的终结：在科学时代的暮色中审视知识的限度》，[美]约翰·霍根著，孙雍君等译，远方出版社，1997年——译者注）

7. I.Prigogine, *The End of Certainty: Time, Chaos, and the New Laws of Nature*(Simon and Schuster, New York, 1997).（中译本《确定性的终结：时间、混沌与新自然法则》，[美]伊利亚·普利高津著，湛敏译，上海科技教育出版社，1998年——译者注）

8. P.W.Anderson, *More is Different, Science* **177** , 393 (1972).

致谢

1. R.B.Laughlin and D.Pines, *Proc. Natl. Acad. Sci.* **97** , 28 (2000).

第 1 章

1. Ansel Adams: *American Experience* , Ric Burns导演, 详细信息见 http://www.pbs.org/wgbh/amex/ansel。

2. J.M.Faragher, *Rereading Frederick James Turner* (Yale U. Press, New Haven, 1999).

3. 在1945年万尼瓦尔·布什呈交罗斯福总统的著名备忘录 *Science, the Endless Frontier*（中译本《科学，没有止境的前沿》，范岱年、解道华等译，商务印书馆，2004年——译者注）中，建立具有开拓精神的科学联合体是报告的核心概念。这份报告最终促 223 成了美国国家科学基金的设立。见 G.P.Zachary, *Endless frontier: Vannevar Bush, Engineer of the American Century* (MIT Press, Cambridge, Mass., 1997)（中译本《无尽的前沿——布什传》，G. 帕斯卡尔·扎卡里著，周惠民、周玖、邹际平译，上海科技教育出版社，1999年——译者注）和 V. Bush, *Endless Horizons* (Ayer Co. Pub., Manchester, New Hampshire, 1975)。

4. S.J.Gould, *The Lying Stones of Marrakech* (Three Rivers Press, New York, 2000), p.147 ff.[《马拉喀什的说谎石》是古尔德的《自然史沉思录》系列中的第9部，这个系列共10部，其中前两部《自达尔文以来》和《熊猫的拇指》有三联出版社出版的中译本（田洺译）]。

第 2 章

1. 男女在领路方面表现出的不同倾向是一个在夫妇之间传播的著名笑话，甚至有磁共振图像的证据表明这是有生理基础的，见 G. Grn et al., Nature **3** , 404 (2000)。

2. 家用恒温器中的双金属片也是一种感温元件，见 J. F. Schooley，《测温学》（CRC 出版社，博卡拉顿，佛罗里达，1986）。

3. 地理学家通常用普通重锤和弹簧仪器测得的重力精度就是亿分之一，见 W. Torge，*Teodesy*，3rd edition（Walter de Gruyter, Berlin, 2001）。

4. 1656 年，克里斯蒂安·惠更斯（Christiaan Huygens，1629—1695）利用伽利略摆发明了摆钟，并用之校准当时的时钟设备。他的第一个钟的精度是小于 1 分钟 / 天，后来他将其改进到 10 秒 / 天。惠更斯还于 1675 年发明了配重和弹簧装置。见 J. G. Yoder，*Unraveling Time: Christiaan Huygens and the Mathematization of Nature*（Cambridge U. Press, Cambridge, 2002）。

5. 1852 年，莱昂·傅科（Léon Foucault，1819—1868）在巴黎用一根 67 米长的钢丝绳将一颗 28 千克的重铁球吊在了潘提翁（Panthéon）神殿的圆形屋顶下，公开演示并测量地球的旋转，为此他荣获了 1855 年英国皇家学会颁发的 Copley 奖。他还和菲佐（Armand Fizeau）一起对光和热进行了研究，并用旋转平面镜测量了不同介质中的光速，证明了介质中光速与介质的折射系数成反比。傅科摆的实验在许多基础力学教科书中都有描述。见 A. P. French, *Newtonian Mechanics*（W. W. Norton, New York, 1971）。如果想自己建个业余的傅科摆，可参见 C. L. Stong, *Scientific American* **198**, 115（1958）。傅科的原始文献：M. L. Foucault, "Démonstration du Movement de Rotation de la Terre moyen du Pendule"，Comptes Rendus Acad. Sci. **32**, 5（1851），亦见 http://www.calacademy.org/products/pendulum.html。

6. 这些实验中最著名的当属阿尔伯特·迈克耳孙（Albert Michelson，1852—1931）的干涉测量实验，迈克耳孙和莫雷（Edward Williams Morley，1838—1923）后来又对实验做了进一步改进，但得到的结果仍否定有以太物质存在。这项实验使迈克耳孙荣获了 1907 年度的诺贝尔物理学奖。见 A. A. Michelson,《光学研究》

（芝加哥大学出版社，芝加哥，1962）。在迈克耳孙和莫雷的实验之后，曾有诸多实验室进行了重复和改进型实验，历时50年之久，对这些实验的一个杰出总结性评述见 R. Shankland et al., *Rev. Mod. Phys.* **27**, 167 (1955)。原始文献见 A. A. Michelson, *Am. J. Sci.* **22**, 20 (1881) 和 A. A. Michelson and E. W. Morley, ibid. **34** (1887)，亦见 E. Whittaker, *A History of the Theories of Aether and Electricity: The Classical Theories* (Nelson and Sons, London, 1951)。

7. 后现代科学哲学的文献可谓汗牛充栋。被引述得最广泛的著作要属利奥塔（J.-F.Lyotad, 1924—1998）的 *The Postmodern Condition: A Report on Knowledge* (U. of Minnesota Press, Minneapolis, 1984)。亦 见 H. Lefebvre, *Introduction to Modernity: Twelve Preludes* (Verso, London, 1995)，以 及 M. Foucault, *The Order of Things: An Archaeology of the Human Sciences* (Random House, New York, 1994)。还有大量反后现代主义的文献，例如 225 N. Koertse, *A House Built on Sand: Exposing Postmodernist Myths About Science* (Oxford U. Press, Oxford, 1998) 和 A. D. Sokal and J. Bricmont, *Fashionable Nonsense: Postmodern Intellectuals ' Abuse of Science* (St. Martin ' s Press, New York, 1998)。

8. 1953年12月18日，朗缪尔在诺尔斯实验室（Knolls Research Laboratory）做了著名演讲"病态科学"（Pathological Science），演讲的文字稿可从 R. L. Park, *Voodoo Science* (Oxford U. Press, Oxford, 2000) 中找到，亦见 http://www.cs.princeton.edu/~ken/Langmuir/langmuir.htm。

9. P.J.Mohr and B. N. Taylor, *J. Phys. Chem. Ref. Data* **28**, 1713 (1999); *Rev. Mod. Phys.* **72**, 351 (2000); http:// physics.nist.gov/constants.

10. 有许多文献都描述过这类量子电动力学集体效应，其中最著名的当属兰姆移位，见 W. E. Lamb and R.C.Retherford, *Phys. Rev.* **79**, 549 (1950); ibid. **81**, 222 (1951)。

11. A.H.Guth and A. P. Lightman, *The Inflationary Universe* (Perseus Publishing, Cambridge, Massachusetts, 1998)。

12. 约瑟夫森常量和冯·克利青常量公式分别为 $K_J = 2e/h$ 和 $R_K = h/e^2$，这里 e 是电子电荷，h 是普朗克常量。

13. 关于邓小平的文献很多，尤其是在历史事件方面更为复杂。见 M. J. Meisner, *The Deng Xiaoping Era: An Inquiry into the Fate of Chinese Socialism*, 1978 — 1994 (Hill and Wang, New York, 1996)。

14. 墨菲定律说的是：如果什么事要出错，那它就一定会出错。按照美国空军飞行训练中心的档案记录，墨菲定律出自1949年的爱德华空军基地的爱德华·A.墨菲上尉之口，当时他是一名项目工程师，该项目要确定飞行员在飞机失事时能承受多大的负加速度。见 A. Bloch, *Murphy's Law and Other Reasons Why Things Go Wrong* (Price Stern Sloan Pub., Los Angeles, 1977)；亦见 http://www.edwards.af.mil/history/docs_html/tidbits/murphy's_law.html。

第3章

1. 牛顿的《自然哲学之数学原理》一直在重印，例如，见 I. B. Cohen 和 A. Witman 的英译本 *The Principia: The Mathematical Principles of Natural Philosophy* (U. California Press, Berkeley, CA, 1999)。此外还有众多的关于牛顿的传记和他的著作选集，见 R. S. Westfal, *The life of Isaac Newton* (Cambridge U. Press, Cambridge, 1994) 和 B.I.Cohen, *Newton: Texts Backgrounds Commentaries* (W.W.Norton, New York, 1996)。

2. 在今天，"时钟般精确的宇宙"是一个带有贬义的词，见 S. J. Goerner, *After the Clockwork Universe* (Floris, Edingburgh, 1999)。

3. 彗星实际上是以很扁的椭圆轨道运动并且周期性地回归，这是 Edmund Halley 最先发现的，他用牛顿力学预言了以他名字命名的彗星的回归。见 C. Sagan and A. Druyan, *Comet* (Ballantine, New

York, 1997）。哈雷的关于发现彗星的原始文献见 E. Halley, *Phil. Trans. Royal Soc. London* **24**, 1882 — 1899 (1705)。

4. 海王星的轨道是由亚当斯（John Couch Adams, 1819 — 1892）和 226
    勒威耶（Urbain Jean Joseph Leverrier, 1811 — 1877）"预言"并
    由伽勒（1812 — 1910）发现的，见 Drake and C. T. Kowal, *Scientific
    American* **243**, 52 (1980) 和 P. Moore, *The Planet Neptune* (Wiley,
    Chichester, 1988)。冥王星则是由帕西瓦尔·罗威尔（Percival
    Lowell, 1855 — 1916）预言并由汤博（Clyde Tombaugh, 1906 —
    1997）于1930年发现的，见 S.A.Stern and D.I.Tholen, *Pluto and
    Charon* (U.of Arizona Press, Tuscon, 1998)。

5. 约翰·哈里森（John Harrison, 1693 — 1776）于1759年发明了第
    一台航海计时仪，他称它为H-4。它实际上是一个直径4英寸、
    弹簧两端带双金属拉条的大表。对它的首次检验是在1762年由
    英格兰到加勒比的6周的远航中。据记载，船到牙买加时误差仅
    为5秒，这相当于只有1.25弧度的经度误差，或30海里的绝对
    航程误差。这一空前的精确度使哈里森无可争议地赢得了伦敦经
    度委员会悬赏的经度测量奖金。但由于其他复杂原因，委员会只
    付给他20000英镑中的一部分，乔治三世国王不得不亲自出面
    干预才付清了其余款项。哈里森的第一款航海计时仪伴随着库克
    船长经历了第二次远航（历经3年），直到1776年结束。库克称
    它为"与我们同舟共济、历尽风云变幻的忠实向导"。见 D. Sobel,
    Longitude (Walker and Co.,New York, 1995)。

6. 关于原子钟的详细讨论可从 C. Audoin, B. Guinot, and S. Lyie, *The
    Measurement of Time* (Cambridge U. Press, Cambridge, 2001) 中
    找到。

7. 第一个航海用的回转罗盘是由赫尔曼·安许兹（Hermann
    Anschütz）公司于1908年在德国制作的，用的是马克斯·舒勒提
    出的原理。1911年，艾尔莫·斯佩里（Elmer Sperry）发明了造价
    更低廉的回转仪，并发明了陀螺形船用稳定器。见 T. P. Hughes,

Elmer Sperry: *Inventor and Engineer* (Johns Hopkins U. Press, Baltimore, 1993)。

8. S. Drake, *Galileo at Work: His Scientific Biography* (U. of Chicago Press, Chicago, 1978)。

9. 望远镜是荷兰人发明的。1608年10月，设在海牙的荷兰政府讨论了汉斯·利珀雷 (Hans Lipperley) 递交的关于低倍望远镜 (相当于今天剧院里用的观剧镜) 的专利申请。同年，这种望远镜就在巴黎街头有售了。第一台天文望远镜是伽利略于1609年制作的。他用它发现了木星的卫星，并解释了恒星的星云块状现象。见H. King, *The History of the Telescope* (Griffin, London, 1955)。

10. 摘自《试金者》(Ⅱ *Saggiatore*)，伽利略的其他著作可从S. Drake主编的*Discoveries and Opinions of Galileo* (Barnes and Noble, New York, 1989)中找到。亦见S. Drake and C. D. O' Malley, *The Controversy of the Comets of 1618* (U. of Pennsylvania Press, Philadelphia, 1960)。

11. 关于宗教裁判所对伽利略的审判和监禁的情节，在许多优秀出版物中都有描述。见P. Redondi, *Galileo Heretic* (Princeton U. Press, Princeton, 1987)。特别详细的讨论可从国际天主教大学网站W. E. Carroll, *Galileo: Science and Religion*, http://www.catholicity.com/school/icu/c 02907.htm中找到。

12. Galileo Galilei, trans. by S. Drake, *Dialogue Concerning the Two Chief World Systems* (U. of California Press, Berkeley, 1967)。

13. 这种陈述是否正确尚无定论。当时意大利已经采用现代通行的格列高利历，但英国用的仍是儒略历。因此，虽然牛顿的出生证明和伽利略的去世证明记载的都是1642年，但按照格列高利历，牛顿的出生日期当是1643年1月4日，而伽利略去世日期则是1642年1月4日。而按照儒略历，则两者分别是1642年12月25日和1643年1月4日，见http://home.att.net/~numericana/answer。

14. J.B.Brackenridge, *The Key to Newtonian Dynamics: The Kepler Problem and the Principia* (U. of California Press, Berkeley, 1995).

15. （西方人）可阅读的关于佛教的综述见 D. C. Conath, *Buddhism for the West: Theravada, Mahayana, and Vajrayana* (McGraw-Hill, New York, 1974)。

16. 关于混沌的书很多，但最好的还是它的发现者写的著作：E. N. Lorentz, *The Essence of Chaos* (U. of Washington Press, Seattle, 1994)。亦见 J. Gleick, *Chaos: Making a New Science* (Penguin, New York, 1998) 和 G. P. Williams, *Chaos Theory Tamed* (Joseph Henry Press, Washington, D. C., 1994)。

17. 这个错误的三段论取自金门大学（Golden Gate University）的主页：http://internet.ggu.edu/university_library/if/false_syllogisms。

18. 关于中性氦原子的表面衍射的综述性文章见 G. Scoles, ed.,*Atomic and Molecular Beam Methods, Vols.* Ⅰ *and* Ⅱ (Oxford U. Press, New York, 1992) 和 D. P. Woodruff and T. A. Delchar, *Modern Techniques of Surface Science* (Cambridge U. Press, New York, 1994)。关于原子衍射发现的原始参考文献见 I. Estemann and A. Stern, *Z. Physik* **61,** 95 (1930)。亦见 http://sibenergroup.uchicago.edu/。

19. 电子衍射的全面综述见 J. M. Cowley, ed., *Electron Diffraction Techniques* (Oxford U. Press, New York, 1992)。关于电子衍射发现的原始参考文献见 C. J. Davisson and L. H. Germer, *Phys. Rev.* **30**, 705 (1927)。现代技术的讨论见 A. Tonomura, J. Endo, T. Matsuda, and T. Kawasaki, *Am. J. Phys.* **57**, 117 (1989)。

第 4 章

1. 冰上钓鱼非常流行，有关信息可以从因特网上免费查阅到。例如，见 http://www.icefishingworld.com 和 http://www.invominneso-ta.com。亦见 J. Capossela, *Ice Fishing: A Complete Guide, Basic to Advanced* (Countryman Press, Woodstock, VT, 1992)。

2. 见 http://icefishingoutdoors.com/safety.html。斯莫利先生的联系
   方式是 tim.smalley@dnr.state.mn.us 或 http://www.dnr.state.mn.us。

3. 关于第一定律对水的性质估计的目前状况见 T. R. Truskett and
   K. A. Dill, *J. Chem. Phys.* **117**, 5101 (2002) 及其中的参考文献。水
   的相图甚至在实验上都仍不完全清楚。对这一争论的描述见 C.
   Lobban, J. L. Finney, and W. F. Kuhs, *Nature* **391**, 268 (1998)。亦见
   F. Franks, *Water: A Matrix of Life* (Royal Society of Chemistry,
   Cambridge, 2000)。关于水的相图的有用网站有：http://www.
   sbu.ac.uk/water/phase.html 和 http://www.cmmp.ac.uk/people/
   finney/soi.html。

4. 物理化学方面的文献极多，很难给出一篇好的综述性评论。一
   个好的起点是 W. J. Hehre, L. Radom, P. V. Schleyer, and J. Pople,
   Ab Initio Molecular Orbital Theory (Wiley, New York, 1986)。较好
   的入门性教科书是 A. M. Halpern, *Experimental Physical Chemistry*
   (Prentice-Hall, Upper Saddle River, New Jersey, 1997)。

5. 用简单法则对相变进行的最著名的说明是二维伊辛 (Ising)
   模型的昂萨格解。详细解释见 K. Huang, *Statistical Mechanics*
   (Wiley, New York, 1963) 的349页及其后几页。原始参考文献见 L.
   Onsager, *Phys. Rev.* **65**, 117 (1944)。亦见 B. Kaufmann, *Phys. Rev.*
   76, 1232 (1949)。

6. S. Stein, *Archimedes: What Did He Do Beside Cry Eureka*? (Math.
   Assn. Am., Washington, D. C., 1999).

7. 关于 X 射线晶体定标见 Yu. V. Shvyd'ko et al., *Phys. Rev. Lett.* **85**,
   495 (2000) 及其文后参考文献。

8. 1665年，罗伯特·胡克通过观察认为，晶体可能是相同"球状"
   物质颗粒的聚包。见 R. Hooke, *Micrographia* (Science Heritage
   Ltd., Lincolnwood, IL, 1987)。

9. 关于X射线晶体学有许多杰出文献。见B. D. Cullity, S. R. Stock, and S. Stock, *Elements of X-Ray Diffraction* (Prentice Hall, New York, 2001) 和 J. Als-Nielson and D. McMorrow, *Elements of Modern X-Ray Physics* (Wiley, New York, 2001)。

10. 关于液氦的文献很多，例如，见 J. F.Alien,*Superfluid Helium* (Academic Press, Burlington, MA, 1966) 和 J. Wilkes, *The Properties of Liquid and Solid Helium* (Oxford U. Press, London, 1967)。关于 ^{4}He 的超流体性质的发现的原始文献见P. Kapitsa, *Nature* **141**, 79 (1938)。^{4}He 超流体理论见 I. M. Khalatnikov, *An Introduction to the Theory of Superfluidity* (Benjamin, New York, 1966) 和 D. Pines and P. Nozieres, *The Theory of Quantum Fluids* (Benjamin, New York, 1966)。

11. 聚合物和玻璃的缓慢晶化使它们变得非常有用，其结果是它们都成为晶体。见 *The Development of Crystalline Order in Thermoplastic Polymers* (Oxford U. Press, Oxford, 2001) 和 I. Gutzow, *The Vitreous State: Thermodynamics, Structure, Rheology, and Crystallization* (Springer, Heidelberg, 1995)。

12. 蛋白质晶体学是一门不为大多数物理学家所了解的冷门学科。见 T. M. Bergfors, ed., *Crystallization of Proteins: Techniques, Strategies, and Tips* (International University Line, La Jolla, 1998) 和 A. McPherson, *Crystallization of Biological Macromolecules* (Cold Spring Harbor Laboratory, Woodbury, NY, 1999)。

13. 关于用非弹性X射线散射方法探测原子运动的文献，见 M. Holt et al., *Phys. Rev. Lett.* **83**, 3317 (1999) 及其文后参考文献。

14. 有关相变的物理文献都是技术性的且不易懂，某些关键性文献见 H. E. Stanley, *Introduction to Phase Transitions and Critical Phenomena* (Oxford U. Press, London, 1997) 和 S. Sachdev, *Quantum Phase Transitions* (Cambridge U. Press, London, 2001)。

15. 实用冶金学方面的课题很多，也很复杂。见 G. E. Dieter,
     Mechanical Metallurgy (McGraw-Hill, New York, 1986)。

16. 有关玻璃和玻璃形成问题的书有很多，例如，E.-J. Donth, *The Glass Transition: Relaxation Dynamics in Liquids and Disordered Materials* (Springer, Heidelberg, 2001)。无序介质的有序化方面的经典文献是 S. F. Edwards and P. W. Anderson, *J. Phys. F* **5**, 965 (1975)，亦见 M. Mezard, G. Parisi, and M. A. Virasoro, *Spin Glass Theory and Beyond* (World Scientific, Singapore, 1986) 和 K. Binder and A. P. Young, *Rev. Mod. Phys.* **58**, 801 (1986)。

17. 流体力学经典教程见 L. D. Landau and E. M. Lifshitz, *Fluid Mechanics* (Addison-Welsey, Reading, Mass., 1959)，亦见 H. Lamb, *Hydrodynamics* (Dover, New York, 1993)。

18. 液晶方面的文献很多，见 P. Yeh and C. Gu, *Optics of Liquid Crystal Displays* (Wiley, New York, 1999)。关于向列相的进一步信息见 P. G. de Gennes, *The Physics of Liquid Crystals* (Oxford U. Press, New York, 1974) 和 http://www.lassp.cornell.edu/sethna. OrderParameters/Intro.html。

19. 二维薄膜的熔炼不同于传统熔炼的思想最早见于 J. M. Kosterlitz and D. J. Thouless, *J. Phys. C* **6**, 1181 (1973)。由此产生的相会明显区别于传统流体则是后来由 David Nelson, Bert Halperin 和 Peter Young 提出并详细阐述的，见 D. R. Nelson, *Phys. Rev. B* **18**, 2318 (1978)；A. P. Young, ibid. **19**, 1855 (1979)；D. R. Nelson and B. I. Halperin, ibid. **21**, 5212 (1980)。关于六重相的最近的实验工作见 R. Radhakrishnan et al., *Phys. Rev. Lett.* **89**, 076101 (2002) 及其文后参考文献。

20. [4] He 超固态相的实验观察见 E. Kirn and M. H. W. Chan, *Nature* **427**, 225 (2004)。

21. 有关云和云的形成的讨论，见 B. J. Mason, *The Physics of Clouds* (Clarendon Press, Oxford, 1971)。

22. 巴奇球（buckyball）的衍射性质见 M. Arndt et al., *Nature* **401**, 680 (1999) 和 B. Brezger et al., *Phys. Rev. Lett.* **88**, 100404 (2002)。

23. P. W. Anderson, *Basic Notions in Condensed Matter Physics* (Addison-Wesley, New York, 1984)。

24. 关于超流体 ^{4}He 的量子化涡旋的研究已有很长的历史。最近的大部分工作集中在超流体湍流的涡旋纠缠方面。见 M. R. Smith, *Phys. Rev. Lett.* **71**, 2583 (1993) 和 M. Tsubota, T. Araki. and S. K. Ne- mirovskii, *Phys. Rev. B* **62**, 11751 (2000)。

25. 对非定域性的理解是现代冶金学和晶体生长技术的核心，因此现代大多数关于固体物理学的教科书对此都有解释。见 D. Hull and D. J. Bacon, *Introduction to Dislocations* (Butterworth-Heinemann, Burlington, Mass., 2001) 和 J. Weertman and J. R. Weertman, *Elem- entary Dislocation Theory* (Oxford U. Press, London, 1992)。

26. 关于标准模型的最好的著作之一是由其提出者之一—G. t ' Hooft 撰写的 *In Search of the Ultimate Building Blocks* (Cambridge U. Press, London, 1996)。亦见 N. Cottingham and D. A. Greenwood, *An Introduction to the Standard Model of Particle Physics* (Cambridge U. Press, London, 1999)。极具挑战性和综述性的教科书是由另一位提出者 S. Weinberg 撰写的 *Quantum Theory of Fields, Vols.* Ⅰ – Ⅲ (Cambridge U. Press, London, 1995)。

27. S. Kauffman, *At Home in the Universe: The Search for Laws of Self- Organization and Complexity* (Oxford U. Press, Oxford, 1996)。

第 5 章

1. 两 本 最 流 行 的 量 子 力 学 教 科 书 是 R. Shankar 的 *Principles of Quantum Mechanics*（Plenum, New York, 1994 ）和 C. Cohen-Tannoudji, B. Din, F. Laloe, and B. Dui 的 *Quantum Mechanics*（Wiley, New York, 1992）。

2. 这里不考虑瘾君子。作为父母，我有责任坦率地指出，我和我妻子都坚决反对对毒品的任何程度的尝试，我们甚至不喝酒。

3. 阿博特和科斯特勒的 "Who's on First" 节目先是在广播里实况播出，旋即被拍成电影 *The Naughty Nineties*。成百个网站上有其资料，恕不一一列举。

4. 由玻尔、海森伯和玻恩发展出的量子力学的哥本哈根解释是科学哲学的一大流派。网上最好的参考资料是 E. N. Zaita 主编的《斯坦福哲学百科全书》（ *The Stanford Encyclopedia of Philosophy* ）中 的 "*The Copenhagen Interpretation of Quantum Mechanics*" 一文，http://plato.stanford. edu/archives/sum 2002 /entries/qm-copenhagen。亦见 J. Faye, *Neils Bohr: His Heritage and Legacy. An Antirealist View of Quantum Mechanics* (Kluwer, Dordrecht, 1991)。

5. 贝 克 莱 的 著 作 曾 多 次 重 印。见 G. Berkeley and J. Dancy, ed., *A Treatise Concerning the Principles of Human Knowledge* (Oxford U. Press, London, 1998)。

6. 薛 定 谔 的 猫 原 始 参 考 文 献 见 E. Schrödinger, *Naturewissenschaften* **23**, 807 (1935), John D. Trimmer 的 译 文 见 *Proc. Am. Phil. Soc.* **124**, 323，并重印于 Section Ⅰ .11 of Part Ⅰ of *Quantum Theory and Measurement*, J. A. Wheeler and W. H. Zurek, eds. (Princeton University Press, Princeton, 1983)。文章中，薛定谔将猫当作 "荒谬的" 事例，但这一事实在很多转述中被忽略了。

7. 人们不熟悉的是盖革 - 穆勒计数器是一种电离辐射探测器。见 G.E.Knoll, *Radiation Detection and Measurement* (Wiley, New York,

2000）。

8. 你可以从各种网站上找到伯恩斯－艾伦喜剧演出队的作品和录音。亦见 C. Blythe and S. Sackett, *Say Goodnight Gracie: The Story of Burns and Allen* (E. P. Dutton, New York, 1986)。

9. 这里实际上已大大低估了。假定每个海滩宽100米，深1米，世界上所有海滩总长度大约100 000千米，每颗沙粒的体积为1立方毫米，那么我们就有10^{19}颗沙粒，这只相当于一块方糖大小的体积内的空气分子数。实际上世界上所有沙滩上的沙粒总数不下于10^{22}个，这才相当于一块方糖内的原子数目。如果我们再计入电子的数目并考虑适当的空间维数，那么得到的将是10倍于这个数的数。见 http://www.ccaurora.edu/ast102/notes/notes11.htm 和 http://www.tufts.edu/as/physics/courses/physics5/estim_97.html。

10. 纠缠是眼下的热门课题，它与量子计算有关。见 A. D. Aczel, *Entanglement: The Greatest Mystery of Physics* (Four Walls Eight Windows, New York, 2002) 和 G. J. Milburn and P. Davies, *The Feynman Processor:Quantum Entanglement and the Computing Revolution* (Perseus Publishing, Cambridge, MA, 1999)。 231

11. 放大器产生的量子噪声的问题完全是一个物理问题。最好的参考文献都是相当有技术性的：H. A. Haus, *Electromagnetic Noise and Quantum Optical Measurements* (Springer, Heidelberg, 2000)。亦见 Y. Yammamoto and H. Haus, *Rev. Mod. Phys.* **58**, 1001 (1986) 和 H. A. Haus and J. A. Mullen, *Phys. Rev. A* **128**, 2407 (1962)。

12. 山顶上的保龄球不过是笔尖直立问题的大众化比喻。质量为m的球能够在直径为L的山顶上维持的最大时间为 $T=\sqrt{L/(32g)}\ln(8m^2L^3g/h^2)$，这里$g$为重力加速度，$h$是普朗克常量。由 http://www.brunswickbowling.com 可知，保龄球的质量是7.3千克，假如取L为1米，则最大时间T为9秒。

13. 关于谁最先发明"人潮"这种体育捧场形式存在激烈争论。Krazy George Henderson在他的网页上声称,这种形式最初出现于1981年10月15日美国棒球职业联赛奥克兰甲级队与纽约扬基队比赛的加时赛上。他指出,他的这种看法后来得到了广播节目对话 *Don Meredith* 的 Howard Cosell 的肯定。另一种说法出自华盛顿大学,它声称Henderson所说的人潮不完全,第一个真正的人潮是Rob Welter在1981年10月31日发明的。见http://www.gameops.com/sro/krazy/home.htm和 http://depts.washington.edu/hmb/thehmb/history 4 .shtml。

14. C. G. Rossetti, *Rossetti: Poems* (Knopf, New York, 1993)。

15. 例如,见B. S. DeWitt, H. Everett, and N. Graham, *Many-Worlds Interpretation of Quantum Mechanics* (Princeton University Press, Princeton, 1973)。

第6章

1. 我记得这个人名叫科基·罗伯茨(Cokie Roberts),但找不到参考资料。见C. Roberts, *We Are Our Mothers' Daughters* (William Morrow, New York, 1998)。

2. 关于这些乱麻似的导线如何工作的解释请见J. L. Hennessy, D. A. Paterson, and D. Golderg, *Computer Architecture: A Quantitative Approach* (Morgan Kaufmann, San Francisco, 2002)。

3. 关于半导体的功能和设计的优秀参考资料见C.T.Sah, *Fundamentals of Solid-State Electronics* (World Scientific, Singapore, 1991)。

4. 要搞懂为什么这里会有脏话,见B. W. Kernighan and D. M. Ritchie, *The C Programming Language* (Prentice Hall, New York, 1988)。

5. 关于软件垄断问题已有相当多的高度政治化倾向的文献。一些代表性著作有 K. Aulett, *World War 3.0: Microsoft and Its Enemies* (Random House, New York, 2001); R. B. McKenzie, *Trust on Trial: How the Microsoft Case Is Reframing the Rules of Competition* (Perseus Publishing, Cambridge, Massachusetts, 2000); D. B. 232 Kopel, *Antitrust after Microsoft: The Obsolescence of Antitrust in the Digital Era* (Heartland Institute, Chicago, Illinois, 2001); S. I. Liebowitz and S. E. Margolis, *Winners, Losers, and Microsoft* (Independent Institute, Oakland, CA, 2001)。L. Lessing 的 *The Future of Ideas* (Random House, New York, 2001) 则讨论了数字所有权的更大范围的影响。

6. 芯片的发热也是设计上不得不考虑的限制因素之一。2004年春,因特尔宣布,由于过度发热,暂时中止最新一代微处理器的设计(代码名为 Tajas 和 Jayhawk)。见2004年5月17日《国际先驱者论坛报》,http://www.iht.com/articles/50233.html。

7. 关于量子计算机的文献有很多,好在现在这种增长趋势明显放缓。见 G. Johnson, *A Shortcut Through Time: The Path to a Quantum Computer* (Knopf, New York, 2003); R. K. Brylinski and G. Chen, *Mathematics of Quantum Computing* (Chapman and Hall, London, 2002); D. Bouwmeester, A. Ekert, A. Zeilinger, and A. K. Ekert, *The Physics of Quantum Information: Quantum Cryptography, Quantum Teleportation, Quantum Computation* (Springer, Heidelberg, 2000)。

8. B.Schneider, *Applied Cryptography: Protocols, Algoritlims, and Source Code in C* (Wiley,New York, 1995)。

9. 模拟计算机的噪声问题的解释见 B. H. Vassos and G. W. Ewing, *Analog and Computer Electronics for Scientists* (Wiley, New York, 1993)。

10. 有关半导体物理原理的经典文献见 J. C. Phillips, *Bonds and Bands in Semiconductors* (Academic Press, New York, 1973)。

11. 布劳恩还发明了示波器。见 F. Kurylo, *Ferdinand Braun, a Life of the Nobel Prizewinner and Inventor of the Cathode-Ray Oscilloscope* (MIT Press, Cambridge, Massachusetts, 1981)。亦见 http://www.fbh-berlin.de/englisch/f_braun.htm。

12. 半导体中电子和空穴的冲击运动可通过回旋共振效应直接探测到。见 G. Landwehr, *Landau Level Spectroscopy: Part* Ⅱ (North-Holland, Amsterdam, 1990)。

13. 非晶态电子学的综述文章见 J. Kanicki, *Amorphous and Microcrystalline Semiconductor Devices, Volume II: Materials and Device Physics* (Artech, Norwood, MA, 1992)。

14. 掺磷硅晶体的类氢线谱的一个绝好例子见 G. A. Thomas et al., *Phys. Rev. B* **23,** 5472 (1981)。

15. 摩尔定律的原始文献见 G. E. Moore, *Electronics* **38** (1965)。亦见 J. Fallows, *The Atlantic Monthly* **288**, 44 (2001) 和 http://www.intel.com/research/silicon/mooreslaw.htm。

16. 例如，见 J. D. Lindl, *Inertial Confinement Fusion*: *The Quest for Ignition and Energy Cain Using Indirect Drive* (Springer, Berlin, 1997)。

17. 关于道家哲学有许多畅销书，见 A. Huang, *The Complete I Ching: The Definitive Translation by the Taoist Master Alfred Huang* (Inner Traditions Intl. Let., Rochester, Vermont, 1998)。

第 7 章

1. 关于斯图加特马克斯·普朗克研究所的信息参见 http://www.mpi-tuttgart.mpg.de。

2. 这一提法出自美国前国防部长拉姆斯菲尔德于 2003 年 1 月 22 日对国防部外交事务中心发表的简短致词。为回应法、德等国在

233

入侵伊拉克问题上的不积极态度，拉姆斯菲尔德将这些国家称为"旧欧洲"。见 http://www.defenselink.mil/transcripts/2003/t01232003_t0122sdfpc.html。

3.　自1945年以来，在冯·克利青之前获奖的德国人有 Walther Bothe (1954)，Rudolph Mossbauer (1961) 和 J. Hans (1963)。Max Born 也是1954年获奖，但自那以后他入籍不列颠成为英国公民。自冯·克利青之后又有5位德国人获奖。见 http://www.nobel.se。

4.　宣布发现量子霍尔效应的原始论文见 K. von Klitzing, G. Dorda, and M. Pepper, *Phys. Rev. Lett.* **45**, 494 (1980)。

5.　量子霍尔公式是 $R = h / ne^2$，这里 n 是整数。

6.　那个时候除了 tea room，贝尔实验室还有许多迷人的传统。见 J. Bernstein, *Three Degrees Above Zero* (Cambridge U. Press, London, 1987)。

7.　我写的第一篇论文是关于冯·克利青效应的精确性与局域化之间的关联的。见 R. B. Laughlin, *Phys. Rev. B* **23**, 5632 (1981)。

8.　分数量子霍尔效应的发现见 D. C. Tsui, H. L. Störmer, and A. C. Gossard, *Phys. Rev. Lett.* **48**, 1559 (1982)。

9.　理论上预见到冯·克利青效应的定性行为的是 T. Ando，见 T. Ando, *J. Phys. Soc. Japan* **37**, 622 (1974)。

10.　我的关于分数量子霍尔效应的理论文章见 R. B. Laughlin, *Phys. Rev. Lett.* **50**, 1395 (1983)。

11.　见 W. P. Su, J. R. Schriefer, and A. J. Heeger, *Phys. Rev. B* **42**, 1698 (1979) 及其所附文献。

12. 参考文献也如泉涌，较好的有 J. P. Eisenstein and H. L. Störmer, *Science* **248**, 1461 (1990)。

13. 迈瑙是康斯坦斯湖上最大的一个岛，为贝纳多特伯爵和伯爵夫人所拥有，著名的诺贝尔奖获得者聚会的林道会议就是由他们主办的，岛上著名的花园对公众开放。见 http://www.mainau.de。

第 8 章

1. L. Hoddeson and V. Daitch, *True Genius: The Life and Science of John Bardeen* (Joseph Henry Press, Princeton, NJ, 2002)。

2. 弗雷德里克·桑格（Frederick Sanger）也在同一领域赢得过两次诺贝尔奖，第一次是 1958 年因蛋白质结构研究获（化学）奖，第二次是 1980 年因重组 DNA 的贡献获（化学）奖。泡林（Linus Pauling）则在 1954 年因化学键理论荣获过一次诺贝尔化学奖，而后又因反对核武器而于 1962 年荣获诺贝尔和平奖。

3. 我的具体资料来源于 J. C. Phillips, C. N. Herring, and T. Geballe。

4. 关于晶体管发明的简明评述见 W. F. Brinkman, *The Transistor: 50 Glorious Years and Where We're Going*, http://www.lucent.com/minds/transistor/pdf/first 50.pdf。

5. 见 M. Riordan and L. Hoddeson, *Crystal Fire: The Birth of the Information Age* (Norton, New York, 1997)；F. M. Wanlass and C. T. Sah, *Nanowatt Logic Using Field-Effect Metal-Oxide-Semiconductor Transistors*, Tech. Dig. IEEE Int. Solid State Circuits Conf., 32‑33, 1963。

6. William Shockley 有着声名卓著的多彩生涯。他移居加利福尼亚，并在那里播撒了硅谷的种子。他还沉迷于研究智力遗传的影响。见 W. Shockley and R. Pearson, *Shockley on Eugenics and Race: The Application of Science to the Solution of Human Problems* (Scott-

234

Townsend Publishers, Washington, D.C., 1992）。

7. 我是在2001年的一次晚宴上从斯卡拉皮诺那里听到这个故事的。

8. 当前，总统的战争动员力由于伊拉克冲突而成为十分敏感的问题，关于这方面以前已有许多资料。见A. M. Schlesinger, Jr.,*The Imperial Presidency*(Houghton Mifflin, New York, 1989）和A. Hamilton, J. Madison, and J. Jay, *The Federalist Papers*(Mento, New York, 1961）。亦见http://www.ciaonet.org/pbei/cato/heq 01.pdf。

9. K. Orrison, *Written in Stone: Making Cecil B. DeMille's Epic, The Ten Commandments* (Vestal Press Ltd., Vestal, New York, 1999）.

10. 这个故事的一个好的叙述可从鲍勃·施里弗的网站上找到：http://www.research.fsu.edu/researchr/winter 2002 /schrieffer.html。

11. 我是从一个叫马克思主义者危机（Marxist Jeopardy）的网站上得到这个点子的，见http://www.anzwers.org/free/marx。

12. 10^{18} = 1 000 000 000 000 000 000。

13. F.-M. A. Voltaire, *Candide or Optimism*: *A Fresh Translation, Backgrounds, Criticism* (W. W. Norton, New York, 1991）.

14. 发现高温超导的原始文献见J. G. Bednorz and K. A. Müller, *Z. Phys. B* **64**, 189 (1986）。

15. T. Kuntz, *Word for Word—The World' s"Funniest"Jokes: So this German Goes into a Bar with Dr. Watson and a Chicken*, *New York Times*, 27 January, 2002.

16. 这是尼采的一句著名格言："如果一个人不克服求知道路上的害

着心态，那么知识的吸引力对他就不会很大。"见 F. Nietzsche, *Beyond Good and Evil: Prelude to a Philosophy of the Future*, W. Kaufmann, ed. (Cambridge U. Press, London, 2001)。

17. 这种现象在俄罗斯叫白夜。在瑞典，冬至这一天的白夜最长，瑞典人将它当作全国性节日来庆祝。

第 9 章

1. 据最近布鲁金斯研究所的研究报告，自1940年以来，直接的核武器投资已逾5万亿美元。见 S. I. Schwartz, *Atomic Audit: The Costs and Consequences of U. S. Nuclear Weapons Since* 1940 (Brookings Inst. Press, Washington, D.C., 1998)。而以 "支持" 科学名义的开销更是难以估计。按照能源部2002财年的预算，用于粒子物理学的是70亿美元，用于核物理的是30亿美元，用于聚变的是30亿美元。见 http://www.aip.org/enew/s/fyi/2001/134.html。

235

2. 最明了的核物理学教科书仍是 E. Segre 的 *Nuclei and Particles: An Introduction to Nuclear and Subnuclear Physics* (Benjamin Cummings, San Francisco, 1977)。

3. 关于低能物质量子力学的经典参考文献是 C. Kittel, *Quantum Theory of Solids* (Wiley, New York, 1987)。亦见 J. R. Schrieffer, *Theory of Superconductivity* (Benjamin, New York, 1983)。

4. 关于 ^{3}He 的文献可谓汗牛充栋。见 D. Vollhardt and P. Wölfle, *The Superfluid Phases of Helium 3* (Taylor and Francis, London, 1990)；D. D. Osheroff, *Rev. Mod. Phys.* **69**, 667 (1997)；G. E. Volovik, *Exotic Properties of Super Fluid ^{3}He* (World, Singapore, 1998)。亦见 http://booium.hut.fi/research/theory。

5. 液相众所周知，但气相只是最近才发现，通常是将其视为 "玻色爱因斯坦凝聚"。见 M. H. Anderson et al., *Science* **269**, 198 (1995)。

6.　关于中子物质和中子星内部构造的文献有很多。见 J. Saham, *J. de Phys.* **41**, C2-9 (1980) 和 J. A. Sauls, "Superfluidity in the Interiors of Neutron Stars" in *Tuning Neutron Stars*, H. Ogelman, E. Van den Heuvel, and J. van Paradis, eds. (Kluwer, Dordrecht, 1989), pp. 441-490。

7.　见 A. D. Kaminker et al., *Astron. Astrophys.* **343**, 1009 (1999)。

8.　光和声的单位体积中的热能公式是 $u^{light} = (\pi^2/15)(k_B T)/(hc)^3$ 和 $u^{sound}/u^{light} = (c/v_t)^3 + 0.5(c/v_l)^3$，这里 v_t 和 v_l 分别是声速的横向和纵向速度分量。

9.　我最看好的实验是用自旋反转产生的单个声子来测量仅有几个原子厚的氦膜厚度。见 E. S. Sabisky and C.H. Anderson, *Phys. Rev. A* **7**, 790 (1973)。亦见 D. J. Bishop and J. D. Reppy, *Phys. Rev. Lett.* **40**, 1727 (1978) 及其参考文献。

10.　见 P. M. Watkins, *Story of the W and Z* (Cambridge U. Press, London, 1986)。

11.　超导体物理中的希格斯机制的自发对称破缺的等价性最先是由 P. W. Anderson 指出的，见 *Phys. Rev.* **130**, 439 (1963)。

12.　等离子体子的数学描述见 A. A. Abrikosov, L. P. Gorkov, and I. Dzyaloshinskii, *Methods of Quantum Field Theory in Statistical Physics* (Dover, New York, 1963), p. 195。

13.　H. P. J. Wijn, ed. *Landolt-Börnstein, Group III : Crystal and Solid State Physics, Vol 19:Magnetic Properties of Metals, Subvolume d1: Rare Earth Elements, Hydrides and Mutual Alloys* (Springer, Berlin, 1991)。关于稀土化合物和稀土合金的磁性还有许多文献，见 J. Jensen and A. R. Mackintosh, *Rare Earth Magnetism* (Clarendon Press, Oxford, 1991)。最早发现元素钬的螺旋反铁磁性的是 W. C. Koehler et al., *Phys. Rev.* **151**, 414 (1966)。最近的研究进一步发现，温度较高的低温相变伴随着基本原子晶格的螺旋补偿，见 R. A. Cowley and S. Bates, *J. Phys. C* **21**, 4113 (1988) 和 D. Gibbset et al., *Phys. Rev. Lett.* **55**, 234 (1985)。

14. 这些特殊的委婉说法见 H. Noel,*The Front Porch ⸺ Euphemisms*，出自 *Senior World Online*, http://www.seniorworld.com/articles/a19991013195512.html。

15. C. W. Kim, *Neutrinos in Physics and Astrophysics* (Harwood Academic, London, 1993)。

第 10 章

1. 在大多数大学基础物理教科书里都可以找到相对论的内容。原始文献见 A. Einstein, *Ann. d. Physik* **17**, 891 (1905)。

2. A. S. Eddington, *The Mathematical Theory of Relativity* (Cambridge University Press, London, 1965), p. 88.

3. 对称性写起来非常有趣，因此这方面好的读物很多，常见的有 L. M. Lederman and C. T. Hill, *Symmetry and the Beautiful Universe* (Prometheus Books, Amherst, NY, 2004)。好的专业教材有 J. Rosen, *Symmetry Discovered*(Cambridge University Press, London, 1975)。另见 S. Coleman, *Aspects of Symmetry: Selected Erice Lectures* (Cambridge University Press, London, 1985)。

4. R. P, Feynman et al., *Six Not-So-Easy Pieces, Einstein's Relativity, Symmetry, and Space-Time* (Perseus, New York, 1997).

5. 对广义相对论最著名的实验检验是关于它对牛顿引力的小的统计修正，包括爱因斯坦最先计算出的星光经过太阳时的光线弯曲和水星的近日点前移。最新的实验是最近发射升空的引力探针 B 实验对回转仪进动效应的检验。见 R. A. Van Patten and C. W. F.

Everitt, *Phys. Rev. Lett.* **36**, 629 (1976)。

6. 由 R. Hulse 和 J. Taylor 发现的双脉冲星 PSR 1913 + 16 以密近轨道方式运动，由此产生的引力辐射效应是可测的。对这一双星系统的观察使 Taylor 和 Hulse 荣获 1993 年度诺贝尔物理学奖。这颗脉冲星每秒旋转 17 圈，相当于 59 毫秒的自转周期，并有 7.75 小时的公转周期。由引力辐射引起的近日点前移为每年 4.2 度。轨道半径为 3 光年或 100 万千米。见 J. H. Taylor, L. A. Fowler, and J. M. Weisberg, *Nature* **277**, 437 (1979); J. M. Weisberg, J. H. Taylor, and L. A. Fowler, *Scientific American* **245**, 74 (1981)。

7. 探测引力波的原始机械探测器被证明精度不够，在美国，它已被激光干涉仪引力波观察项目（LIGO）所取代，这个项目的使命是要最终探测到各种天体源辐射的引力波。见 http://www.ligo.caltech.edu。

8. 爱因斯坦的第一篇论文不为人所理解的部分原因是其推理性太强。当人们问爱迪生对爱因斯坦文章的看法时，爱迪生说他不懂它在说什么，也看不出它有何用途。见 http://www./patentlessons.com/Warp 20 %speed.htm。

9. 或莫里哀著名的例子：催眠药起作用是因为它的"催眠特性"。

10. 优秀的综述见 S. Perlmutter, *Supernovae, Dark Energy, and the Accelerating Universe*, *Physics Today*, April 2003, p. 53, 亦见 S. Perlmutter et al., *Nature* **391**, 51 (1998)。

11. 这个著名的故事不是真的，也不可能有这样的法律被通过。故事的中心思想基于 1897 年印第安纳州 Solitude 的 Edwin J. Goodman 提交的议会议案 246 号，它不是宣布 π 是 3，而是依条件不同取几位数字。这项议案在州议会上获得一致通过，但在参议院被否决。见 U. Dudley, *Mathematical Cranks* (Math. Assn. Am., Washington, D.C., 1992)。

12. 关于超对称性的好的综述见S. Weinberg, *Quantum Theory of Fields, Vol. 3: Supersymmetry*(Cambridge University Press, London, 2000）。

第 11 章

1. 关于分形的优秀著作有G. W. Flake, *The Computational Beauty of Nature: Computer Explorations of Fractals, Chaos, Complex Systems and Adaptation*(MIT Press, Cambridge, 1998）。还有一本是B. B. Mandelbrot, *The Fractal Geometry of Nature* (W. H. Freeman, New York, 1982；中译本《大自然的分形几何学》，陈守吉、凌复华译，上海：上海远东出版社，1998年）。互联网上也有许多分形艺术作品，例如见http://pages.globetrotter.net/mdessureault/vent.htm 和http://www.fractalus.com/galleries/home。

2. Stephen Wolfram也强烈感受到这一点，他认为存在一门新科学，为此他出版了一本书：S. Wolfram, *A New Kind of Science* (Wolfram Research, Champaign, IL, 2002），亦见 S. Wolfram, *Nature* **311**, 419 (1984）。

3. 分形结构背后的基本概念是自相似性，见M. Ausloos and D. H. Berman, *Proc. Roy. Soc.* [*London*] A **400**, 331 (1985）。有关分形山脉的最佳文献见http://www.skytopia.com/gallery/mountains/mountains.html。关于分形山脉如何形成的一个好的解释见http://www.mactech.com/articles/mactech/mactech/ Vol. 07 / 07.05 / Fractal Mountains/。对分形海岸线的解释见http://polymer.bu.edu/ogaf/html/cp 2.htm。

4. 关于扩散置限聚集的好的综述见T. C. Halsey, *Physics Today* **53**, 36 (November 2000）。原始参考文献见 T. A. Witten, Jr., and L. M. Sander, *Phys. Rev. Lett.* **47**, 1400 (1981）；亦见P. Meakin, *Phys. Rev. A* **27**, 1495 (1983）。

5. 见M. Gardner, *Wheels, Life, and Other Mathematical Amusements*

(W. H. Freeman, New York, 1983)。原始参考文献见 M. Gardner, *Scientific American* **223**, 120 (October 1970)。亦见 E. R. Berlekamp, J. H. Conway, and R. K. Gray, *Winning Ways for Your Mathematical Plays*, II : *Games in Particular* (Academic Press, Burlington, MA, 1982) 和 J. Conway, *On Numbers and Games* (Academic Press, Burlington, MA, 1976)。互联网上也有很多关于康威《生命》的材料，好的站点有 http://www.radicaleye.com/lifepage, 亦见 http://www.argentum.freeserve.co.uk/lex.htm。

6. 纳米管是眼下学术界最感兴趣的课题。见 M. S. Dresselhaus, G. Dresselhaus, and P. C. Eklund, *The Science of Fullerenes and Carbon Nanotubes* (Academic Press, Burlington, MA, 1996)。原始发现的论文是 S. Iijima, *Nature* **354**, 56 (1991)。

7. 在此我不做补充，见 *Wireless News Factor* 中 Mike Martin 的文章，http://www.wirelessnewsfactor.com/perl/story/ 20867.htm。纳米管的其他可能用途包括用于显示的场发射器件、导电塑料、储能器件（蓄电池）、分子电子学、热材料、结构性复合材料、催化剂和传感器等。

8. 纳米豆荚是一种内嵌巴克球的纳米管。见 B. W. Smith and D. E. Luzzi, *Chem. Phys. Lett.* **321**, 169 (2000)。

9. 代表性出版物有 M. Bockrath et al., *Phys. Rev. B* **61**, 10606 (2000)。亦见 http://smalley.rice.edu。

10. 最为全面的参考文献是加利福尼亚大学伯克利分校 Alivisatos 小组的网页：http://www.cchem.merkeley.edu/~pagrp/overview.html。亦见 B.O. Dabbousi et al., *J. Phys. Chem. B* **101**, 9463 (1997)。

11. 这是一种最初用来制造多孔硅（硅纳米晶体的原料）的工艺。见 L. T. Canham, *Appl. Phys. Lett.* **57**, 1046 (1990)。

12. 在足够低的温度和稀释条件下，量子力学电子应当能够被晶化，这一点最早是由理论物理学家E. P. Wigner认识到的。对威格纳晶化的观察是通过电子在液氦表面的溅射来进行的，见C. C. Grimes and G. Adams, *Phys. Rev. Lett.* **42**, 795（1970）。

第 12 章

1. David Pines和我共同给"保护"一词赋予了新的含义，使它成为用来俗称专门的（故而让人糊涂的）物理术语"重正化群的吸引性不动点"的同义词。见R. B. Laughlin and D. Pines, *Proc. Nati Acad. Sci.* **97**, 28（2000）。

2. 这些关系在P. W. Anderson, *Concepts in Solids* (World Scientific, Singapore, 1998) 一书中有简明的解释。

3. 1974年，哈伦·埃利森的中篇小说《少年与狗》被拍成由影星唐·约翰逊主演的低成本影片。这个故事最初源自哈伦·埃利森的 *The Beast That Shouted Love and the Heart of the World* (Avon Books, New York, 1969)。

4. 关于相变过程中标度不变性和可重正化性的文献有很多。我通常推荐的是它的发现者写的教科书：L. P. Kadanoff, *Statistical Physics: Statics, Dynamics and Renormalization in Statistical Physics* (Cambridge University Press, London, 1996)。需要指出的是，通常人们认为，这些现象的量子（即零温度）版本定性上与"统计"（即有限温度）版本是类似的，见S. Sachdev, *Quantum Phase Transitions* (Cambridge University Press, London, 2000)。

5. J. C. Collins et al., *Renormalization* (Cambridge University Press, London, 1984). 亦见 C. Itzykson et al., *Statistical Field Theory Volume I: From Brownian Motion to Renormalization and Lattice Gauge Theory* (Cambridge University Press, London, 1989) 和 J. Cardy et al., *Scaling and Renormalization in Statistical Physics* (Cambridge University Press, London, 1996)。

6. 临界乳光的经典情形是通过热压缩气体实现的。例如，J. A. White and B. S. Maccabee, *Phys. Rev. Lett.* **26**, 1468 (1971) 曾报道二氧化碳在临界点处的光散射情形。更易得到的例子源自化学系统：P. A. Egelstaff and G. D. Wingnall, *J. Phys. C* **3**, 1673 (1973); J. S. Huang and M. W. Kirn, *Phys. Rev. Lett.* **47**, 1462 (1981); C. Herkt-Maetzky and J. Schelton, *Phys. Rev. Lett.* **51**, 896 (1983); G. Dietler and D. S. Cannell, *Phys. Rev. Lett.* **60**, 1852 (1988)。

7. 故事《猎火鸡上当记》最早见于《神秘的陌生人》，后收入 Mark Twain: *Collected Tales, Sketches, Speeches and Essays*, L. J. Budd, ed. (Library of America, 1992)（中译本见《马克·吐温中短篇故事全集》，河北教育出版社，2003年——译者注），也可以从互联网上找到：http://www.gutenberg.org/etext/3186。

8. 这里我不加说明地运用了卡尔·波普尔的科学认识论的观点，这一观点在学界曾引起非常广泛的讨论。这里我只给出原始来源：Popper's book *Logik der Forschung*, 英译本 K. Popper, *The Logic of Scientific Discovery* (Routledge, NY, 2002)（中译本《科学发现的逻辑》，查汝强、邱仁宗译，沈阳出版社，1999年）。

9. 互联网上关于关联电子问题的文献容易使人糊涂，过于依赖于参考文献。我推荐一个适中的综述：Z. Wang et al., *Strongly Correlated Electronic Materials* (Westview Press, Boulder, CO, 1994)。

10. 关于硅的 7×7 问题的原始解见 K. Takayanagi, Y. Tanishiro, S. Takahashi, and M. Takahashi, *Surf. Sci.* **164**, 367 (1985)。相关的理论文章见 I. Stich et al., *Phys. Rev. Lett.* **68**, 1351 (1992)。

11. 对宇宙学问题的最新的讨论，包括与真空可重正化性有关的议题。见 G. W. Gibbons et al., eds., *The Future of Theoretical Physics and Cosmology: A Celebration of Stephen Hawking's 60th Birthday* (Cambridge University Press, London, 2003)。

第 13 章

1. 有关这个主题的入门性读物见 M. Schena, *Microarray Analysis* (WileyLiss, New York, 2002)。

2. 闪存现在已成为最流行的 USB 接口存储器件。见 P. Cappelleiti et al., *Flash Memories* (Kluwer, Amsterdam, 1999)。

3. 有关蛋白酶抑制剂的文献有很多，例如 R.C.Ogden and C. W. Flexner, eds., *Protease Inhibitors in AIDS Therapy* (Marcel Dekker, New York, 2001)。

4. 眼下对干细胞研究充满争议，因此常可在新闻中见到。由全国（指美国）卫生研究所给出的综述性分析可从其网站得到：*Stem Cells: Scientific Progress and Future Directions*,http://www.nih.gov/news/stemcell/scireport.htm。

5. 此即著名的（转基因）金稻米。见 M. L. Guerinot, *Science* **287**, 241 (2000); X. Ye et al., *Science* **287**, 241 (2000)。对这种特殊的生物技术产品，还存在政治上的反对意见，见 http://www.biotech-info.net/golden.html。

6. M. W. Shelley, *Frankenstein, or the Modern Prometheus* (Palgrave Macmillan, New York, 2000)（中译本《弗兰肯斯坦》[英]雪莱著，丁超译，中国人民大学出版社，2004年）。关于这部小说的研究文献有很多，见 M. Spark, *Mary Shelley* (Meridian, New York, 1988); http://www.kimwoodbridge.com/maryshel/essays.shtml; http://home-l.worldonline.nl/~hamberg。

7. R. J. Jackson et al. *J. Virol.* **75**, 1205 (2001)。由重组方法偶然产生鼠痘病毒的致命变种，这一结果已引起公众对生物技术危险性的热烈争论，他们要求施行更严格的分类法规。见 J. Cohen, *Designer Bugs*, *Atlantic*, July~August 2002, p. 113。最近，圣路易斯大学 Mark Buller 教授领导的小组在进行重复实验时，鼠痘的故事又有了可怕的新变化，见 W. J. Broad, *Bioterror Researchers*

Build a More Lethal Mousepox, *New York Times*, November 1, 2003。

8.   见 E. Teller and J. Shoolery, *Memoirs: A Twentieth-Century Journal of Science and Politics* (Perseus Press, Cambridge, Massachusetts, 2002)。

9.   我从世界上最大的 cDNA 阵列供货商 Affymetrix 公司得到的估计是每年10亿美元，见 http://biz.yahoo.com/e/ 010515 /affx.htm。它报道说，最近公司的销售利润大约是每年2亿美元。我认为这个数字可看成是芯片的净销售所得，因为阵列器件是它的最大一宗产品，且几乎是纯利润。尽管其市场价格存在波动，但有报道表明基本在1000美元左右（见 http://www.research.bidmc.harvard.edu/corelabs/genomic/default.asp）。这就是说，其销售水平约为每年20万件基因芯片，即有20万次实验。加上劳力、实验室成本以及管理等费用，我估计每次实验的成本在5万美元上下。作为一种独立检验，我注意到全国（指美国）卫生研究所（NIH）2001年度的预算是190亿美元，其中81%用于支持机构外研究，而基因芯片阵列的研究大约可占到机构外支持经费的7%，这个估计还是合理的。

10.   狗不叫的情节出现在柯南·道尔（Arthur Conan Doyle）的故事《银色火焰》（*Silver Blaze*）里。见 A. C. Doyle, *Complete Sherlock Holmes* (Doubleday, New York, 2002)。

11.   自动驾驶仪是反馈控制的一个特例。见 S. Skosestad, *Multivanate Feedback Control* (Wiley, New York, 2005)。

12.   放大器的解释见 S. Franco, *Design with Operational Amplifiers and Analog Integrated Circuits* (McGraw Hill, New York, 1997)。

13.   例如，见 A. Fersht, *Structure and Mechanism in Protein Science: A Guide to Enzyme Catalysis and Protein Folding* (W. H. Freeman, New

York, 1999）和 A. M. Lesk, *Introduction to Protein Architecture: The Structural Biology of Proteins* (Oxford U. Press, London, 2001)。

14. 这种电动机的原初概念是博耶（Paul Boyer）于1964年提出的，其成分之一由沃克（John Walker）予以晶化。两人因对这种酶的功能研究分获1997年度诺贝尔化学奖（当年度的获奖人中还有丹麦生物化学家J.C.斯科，他因独立发现了一种被称为钠钾激活的三磷酸腺苷钠钾ATP酶而获奖——译者注）。见 P. D. Boyer, *Angew. Chem. Int. Ed.* **37**, 2296 (1998); J. E. Walker, ibid., 2308。确认这种机制的关键实验是由 Masasuke Yoshida 完成的，他把肌动蛋白膜附着到电动机上，在显微镜下观察它的转动。见 H. Noji, R. Yasuda, M. Yoshida, and K. Kinosita, Jr., *Nature* **386**, 299 (1997) 和 http://www.res.titech.ac.jp。亦见 H. Wang and G. Oster, *Nature* **396**, 279 (1998) 和 H. Seelert et al. ibid. **405**, 418 (2000)。

15. 关于电动蛋白的文献可谓汗牛充栋，我建议大家不妨从 Eckhard Jankowsky 的优秀站点开始：http://www.helicase.net/dexhd/motor.htm。关于肌动蛋白与肌球蛋白复合体的开创性工作是由 Jim Spudich 完成的，并由 J.A.Spudich 做了总结：*Nature* **372**, 515 (1994)。驱动蛋白方面的文献见 http://www.imb-jena.de/~kboehm/Kinesin.html，亦见 K. Kawaguchi and S. Ishiwata, *Science* **291**, 667 (2001) 及其所附文献。

16. 见 H. Salman, Y. Soen, and E. Braun, *Phys. Rev. Lett.* **77**, 4458 (1996) 及其所附文献。

17. W.E.Stegner, *Beyond the Hundredth Meridian: John Wesley Powell and the Second Opening of the West* (Penguin, New York, 1992).

第 14 章　　1. 关于滚石巨星夭折的较全面的列表见 http://elvispelvis.com/fullerup.htm。有关这个主题的其他网站有 http://www.av1611.org/rockdead.html 和 http://www.wikipedia.org/wiki/List_of_artists_

who_died_of_drug-related_causes。

2. 洛斯阿拉莫斯简报编委会最初的网址是http://xxx.lanl.gov，这里指出以方便读者查阅。后来它搬到了康奈尔，目前的网址是http://arxiv.org。关于金斯帕格教授的生平见http://www.physics.cornell.edu/profpages/Ginsparg.htm。

3. 高登和贝蒂摩尔基金会（The Gordon and Betty Moore Foundation）最近向科学公共图书馆（the Public Library of Science, PLoS）捐资900万美元来设立两个供查阅的电子期刊：《PLoS 生物学》和《PLoS 医学》。见http://www.bio-itworld.com/archive/021003/firstbase.html。

4. Bolt, Beranek, and Newman (BBN) 是一家设在马萨诸塞州坎布里奇的公司，它接下了建造DARPAnet的第一份合同订单。见http://www.bbn.com。

5. 有关聚变工程的导论性读物见A. A. Harms et al., *Principles of Fusion Energy* (Wiley, New York, 2000)。

6. 冷聚变的发现是由斯坦利·彭斯（Stanley Pons）和马丁·弗莱施曼（Martin Fleischmann）于1989年3月在一次新闻界会议上宣布的。随后他们从犹他州议会获得了500万美元的研究资助，其中50万美元来自匿名的私人捐款。后来才知道，这笔钱实际上来自大学自身的研究基金。弗莱施曼早年曾发现某种被称为表面增强拉曼效应的现象，这种现象不仅合理而且技术上很有用。见M. Fleischmann, P. J. Hendra, and A. J. McQuillan, *Chem. Phys. Lett.* **26**, 163 (1974)。

7. 见J.R.Huizenga, *Cold Fusion: The Scientific Fiasco of the Century* (Oxford University Press, London, 1994)。

8. 见http://www.sciencefriday.com/pages/1997/Apr/hour_l_041197.

htm。文中提到的艾拉·弗莱托（Ira Flatow）的《科学星期五》节目发生在1997年4月11日。

9. 见 http://www.infinite-energy.com。

10. W. J. Broad, *Star Warriors* (Simon and Schuster, New York, 1986)；W.J.Broad，*Teller's War: The Secret Story Behind the Star Wars Deception* (Simon and Schuster, New York, 1992)。亦见《大西洋》月刊1988年4月C. E. Bennett的文章 *The Rush to Deploy SDI*，http://www.theatlantic.com/issues/88apr/bennett_p2.htm。

11. 见 http://www.nrdc.org/nuclear/nif2/findings.asp。利弗莫尔的国家点火装置受到国家（美国）资源保护委员会的强烈反对。

12. 舍恩的这一事件已有大量报道，见2002年9月26日《纽约时报》上K. Chang的文章 *Panel Says Bell Labs Scientist Faked Discoveries*。对Lucent接受处罚的官方表述见http://www.lucent.com/news_events/researchreview.html，亦见 R. B. Laughlin, *Physics Today*, December 2002, p. 10及其所附文献。

13. 见2002年9月10日《奥克兰论坛报》上Ian Horfman的文章，网址：http://www.highfrontier.org/OaklandTribune.9_10_02.htm。亦见http://www.periscopel.com/demo/weapons/misrock/antiball/w0003565.html。智能卵石是Lowell Wood和Gregory Canavan于1986年提出的一个概念。

14. 关于激波的经典教科书有Ya. B. Zeidovich, *Physics of Shock Waves and High Temperature Hydrodynamic Phenomena* (Academic Press, Burlington, MA, 1967)。亦见Ya. B. Zeidovich et al., *Stars and Relativity* (Dover, Mineola, NY, 1997)。

15. 关于火箭的最佳读物仍是R. H. Goddard, *Rockets* (Dover, Mineola,

NY, 2002）。亦见 G. P. Sutton and O. Biblarz, *Rocket Propulsion Elements* (Interscience, New York, 2000)。

16.　Robin Erbacher的著名的幽默讽刺短剧见http://www.stanford.edu/dept/physics/Lighter_Side/Skit。

17.　R. Bradbury, *The Martian Chronicles* (William Morrow, New York, 1997).

第 15 章　1.　贡布雷希特教授有着非常广泛的兴趣，我们大概可以称他为谨慎的伊壁鸠鲁主义者（会享受生活的人——译者注）。网上援引他的话说他情愿在最大程度上享受生活的快乐，像品尝精美食品、观看体育比赛，在极为复杂的大学校园生活中保持活力，并让大学校园始终成为新思想的天堂。见H. U. Gumbrecht, *The Powers of Philology: Dynamics of Textual Scholarship* (U. of Illinois Press, Champaign, IL, 2002); T. Lenoir and H. U. Gumbrecht, *Inscribing Science: Scientific Texts and the Materiality of Communication* (Stanford U. Press, Stanford, 1998); H. U. Gumbrecht, *In 1926: Living on the Edge of Time* (Harvard U. Press, Cambridge, *1997*)。亦见 http://www.stanford.edu/dept/news/report/news/november 29/gumbrecht-1129.html。

2.　林德教授以其对暴胀宇宙学的贡献而闻名，为此他与Alan Guth和Paul Steinfardt一起荣获2002年度狄拉克奖。见A. D. Linde, *Inflation and Quantum Cosmology* (Academic Press, Burlington, MA, 1990)。

3.　米切尔教授对生物自组织性尤感兴趣，如社会性昆虫的群落问题。见S.D.Mitchell, *Biological Complexity and Integrative Pluralism* (Cambridge U. Press, Cambridge, 2003)。

4.　布拉夫曼教授的兴趣包括电迁移、微机电系统（MEMS）中的疲劳、纳米尺度晶体管的金属氧化物介电性质和包装材料薄膜界面的机械特性。他还是斯坦福本科学院的副教务长。

5. 皮克斯托克教授已就她所认为的西方社会有必要建立在敬奉上帝的基础之上等问题写了许多文章。她还对由资深科学精英来定义实在的权力提出挑战。见 C. Pickstock, *After Writing: On the Liturgical Consummation of Philosophy* (Blackwell, Oxford, 1997) 和 G. Ward, J. Milbank, and C. Pickstock, eds. *Radical Orthodoxy: A New Theology* (Routledge, London, 1999)。

6. 德捷拉希教授是位具有双重身份的学者，他发明了避孕药，同时又写小说和剧本。见 C. Djerassi, *This Man's Pill: Reflections on the 50th Birthday of the Pill* (Oxford U. Press, London, 2001); C. Djerassi, *The Pill, Pygmy Chimps, and Degas Horse: The Remarkable Autobiography of the Award Winning Scientist Who Synthesized the Birth Control Pill* (Basic Books, New York, 1998); C. Djerassi, *Oxygen* (Wiley, New York, 2001)。

7. 西尔教授关注的是人们的哲学观点如何影响到他们的感知并最终改变他们的生活道路。见 M. Seel, *Asthetik des Erschemens* (Hansen, Miinchen, 2000); M. Seel, *Sich Bestimmen Lassen: Studien zur theoretische und praktischen Philosophic* (Suhrkamp, Frankfurt, 2002)。

8. 施曼特－贝瑟拉特教授提出了一种很可信的理论：楔形文字写作源于贸易所需的计算习俗。见 D. Schmandt-Besserat, *How Writing Came About* (U. of Texas Press, Austin, 1996)。

9. 福特教授的主要兴趣在反歧视和物业法。见 R. T. Ford, *Racial Culture: A Critique* (Princeton University Press, Princeton, NJ, 2004)。

10. 威诺格拉德教授是计算机智能研究的先驱之一。他的两个学生创办了互联网搜索公司Google。见T. Winograd and F. Flores, *Understanding Computers and Cognition: A New Foundation for Design* (Addison-Wesley, Boston, 1987)。

11. 卡布里兹教授的主要兴趣在文献学，尤以但丁的《神曲》与西方文学其他重要作品——特别是维吉尔的《埃涅阿斯纪》和《圣经》——之间的关系研究而蜚声国际。见A. Kablitz and G. Neumann, *Mimesis und Simulation* (Rombach, Freiburg, 1998); A. Kablitz and H. Pfeiffer, *Interpretation und Lektüre* (Rombach, Freiburg, 2001)。

12. W. Godzich, *The Culture of Literacy* (Harvard U. Press, Cambridge, 1994); W. Godzich and J. Kittay, *The Emergence of Prose:* An Essay in Prosaics (U. of Minnesota Press, Minneapolis, 1987).

13. 这一著名陈述见波特·斯图尔特法官在1964年联邦最高法院就Jacobellis诉Ohio一案所做的表述。该案起因为一所影院放映的法国影片《情人们》，原告认为该片含有女主角让娜·莫罗的性镜头。斯图尔特法官赞成推翻以影片不含有赤裸裸色情镜头为由所做的判决。

14. 这里的有些陈述摘自突现性讨论会与会人员提交的报告，这个讨论会于2002年8月在斯坦福人文教育中心召开。

15. 关于社会性昆虫行为的好的评述见B. Holldobler and E. O. Wilson, *The Ants* (Bellknap Press, Cambridge, 1990)。

16. 关于写作起源的理论综述见P. T. Daniels and W. Bright, eds.,*The World's Waiting Systems* (Oxford U. Press, New York, 1996)。软件工程师L. K. Lo搜集了许多有关这一主题的站点，见http://www.ancientscripts.com。

第 16 章

1. 虽然 " lessness " 一词在英语里最早出现可追溯到1635年，但这个词可算是个新词，见 D. Coupland, *Generation X: Tales for An Accelerated Culture* (St. Martin ' s Press, New York, 1992)。

2. D.Adams, *The Hitchhiker's Guide to the Galaxy* (Ballantine Books, New York, 1995)。这本书最初出版于1975年，并被英国广播公司 (BBC) 改编成电视连续剧。

3. R.Graves, *The Greek Myths, Vol. I* (Penguin Books, Baltimore, MD, 1961), p. 31.

4. 这七大金刚是T. Ando, Hiroshi Eisaki, Atsushi Fujimori, Naoto Nagaosa, Tajima, Yoshi Tokura和 Shen-ichi Uchida。如果算上 Sadamichi Maekawa，实际上是8个人，他过去是小组成员。

索引

B

C

D

E

F

G

H

I

J

K

L

N

O

P

Q

R

S

T

U

V

W

X

译后记

王文浩
2007 年 7 月于北京

　　牛顿力学的巨大成功使得物理学上升为一种认识论，这就是以数学为分析工具、以实验为检验标准、以无限可分为最高信仰的还原论思想。可以说当今所有关于自然的科学门类都是在还原论思想指引下成长起来，或在这种思想的影响下由前科学状态进化为现代科学的。但在科学史上，作为还原论思想对立面出现的哲学思潮也一直不绝如缕，主要表现在生命科学领域。尽管在还原论思想的统领下，生物学从细胞学说、基因学说直到"人类基因组测序"工作的完成，可以说完成了三次知识跨越，成果丰硕，并将对人类健康和诸多社会伦理价值观念造成强烈冲击，但破译了遗传密码、掌握了蛋白质分子结构是否就等同于把握了生命的本质了呢？还原论者的回答是非常肯定，否则要发展基因组学干什么！但怀疑论者则持否定态度，从而产生了整体论、突现论等思想，这两种思想都强调，生命现象（如意识、本能）作为一种组织特征不可能通过其组成要素的特征来解释，或者说，组织行为不可能还原为其要素行为之和。特别是近年，随着复杂性科学的兴起，整体论、突现论等思想更是大有从原先的生物学、心理学领域迅速扩展为整个科学特别是物理学领域的研究指导思想的趋势。劳克林的这本《不同的宇宙》正是在这样的背景下，以理论物理学家特有的敏锐，从当代物理学前沿的各个方面（其中大多数为作者亲历的第一手资料）为突现论的正当性和普适性提供了全新的例证，同时也为我们如何从突现论角度来审视已有的科学命题或悖论（如第5、第7章）提供了极富启发性的思路。这对我国科学哲学界开拓视野大有裨益。

当然，作为一本面向大众的科学随想录，劳克林原本就没想写成一本逻辑严谨、措辞周到的思辨性的科学哲学著作，他的本意是要强调，所谓"科学的终结"的论断是不正确的，我们至多只能说是"还原论的终结"，或者说，"当前科学已经从还原论时代过渡到突现论时代，一个对事物终极原因的无限细分性探索已为集体行为探索所取代的时代"（第16章）。本书的所有章节可以说都是围绕这一主题展开的。一般来说，所谓开创或进入一个新时代，总得有一个核心的、明显区别于以往时代的时代标志，譬如说技术性时代划分的标志是大机器、计算机或生物工程，思想性时代划分如还原论时代的标志即本文开头提到的三点，等等。但作者对突现论时代的标志似乎语焉不详，仅仅以否定格式指出还原论的局限性并不足以取代还原论，其实就连作者自己也承认，"所有物理学家本质上都是还原论者"（前言）。

从行文风格上看，作者似乎有意为年轻人考虑，将文章写得轻松活泼，科学论述和生活叙事跳跃穿插，科幻情节与卡通故事信手拈来，使人在娱乐和放松之中自己去悟出个中道理。另外，外国人写书常常率性而发，不似中国人这般讲求斟词酌句，面面俱到，力图做到每个字都"千金不易"。因此您在书中如发现有文意重复或跌宕之处，实在是原文如此，译者不敢擅自划去或画蛇添足。但从另一方面看，美国人看待问题的独特视角有时很能发人深省，试举书中作者对瑞典驻美大使邀请当年度诺贝尔奖获得者出席晚宴一事的评论为例(第16章),若是中国本土科学家获得了诺贝尔奖,瑞典驻华使馆邀请获奖者及其所在单位出席庆祝晚宴,获奖者怕不会有这是人家在"拿我们当道具,把政府政要引到家里来"的念头,或者就是有也不至于就直白地写到书里来。类似的描述在书中多有着墨,这种态度本身就构成本书的一个看点。

最后,对翻译过程中的一些细节做一交待。由于原文多涉美国历史文化掌故,作者只言片语,恐难为中国读者细察其用意,故译者以脚注方式注出,以供参考。其中一些内容曾去信作者征得详细说明,但也有些脚注可能显得过长,有喧宾夺主之嫌,敬请见谅。美国Haverford College的方壆同学在语言和典故方面予以的帮助曾使我免去不少翻检资料之苦,在此表示感谢。

图书在版编目（CIP）数据

不同的宇宙 /（美）罗伯特·B. 劳克林著；王文浩译 . — 长沙：湖南科学技术出版社，2018.1
（2024.3 重印）
（第一推动丛书 . 物理系列）
ISBN 978-7-5357-9511-3
Ⅰ . ①不… Ⅱ . ①罗… ②王… Ⅲ . ①物理学—普及读物 Ⅳ . ① O4-49
中国版本图书馆 CIP 数据核字（2017）第 226171 号

BUTONG DE YUZHOU
不同的宇宙

著者
[美] 罗伯特·B. 劳克林
译者
王文浩
出版人
潘晓山
责任编辑
吴炜 孙桂均 李蓓
装帧设计
邵年 李叶 李星霖 赵宛青
出版发行
湖南科学技术出版社
社址
长沙市芙蓉中路一段 416 号
泊富国际金融中心
网址
http://www.hnstp.com
湖南科学技术出版社
天猫旗舰店网址
http://hnkjcbs.tmall.com
邮购联系
本社直销科 0731-84375808

印刷
长沙超峰印刷有限公司
厂址
宁乡县金州新区泉洲北路 100 号
邮编
410600
版次
2018 年 1 月第 1 版
印次
2024 年 3 月第 8 次印刷
开本
880mm×1230mm 1/32
印张
10.25
字数
219000
书号
ISBN 978-7-5357-9511-3
定价
49.00 元